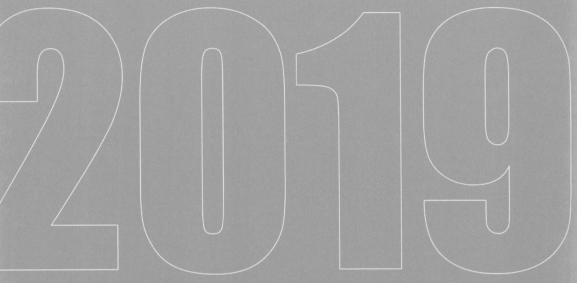

⁂ 宁夏生态文明建设报告

宁夏蓝皮书
BLUE BOOK OF NINGXIA

宁夏生态文明建设报告

ANNUAL REPORT ON ECOLOGICAL CIVILIZATION
CONSTRUCTION OF NINGXIA

（2019）

宁夏社会科学院 编

黄河出版传媒集团
宁夏人民出版社

图书在版编目（CIP）数据

宁夏生态文明建设报告. 2019 / 宁夏社会科学院
编. —银川：宁夏人民出版社，2019.1
（宁夏蓝皮书）
ISBN 978-7-227-07028-3

Ⅰ.①宁…　Ⅱ.①宁…　Ⅲ.①生态环境建设—
研究报告—宁夏—2019　Ⅳ.①X321.243

中国版本图书馆 CIP 数据核字（2019）第 009854 号

宁夏蓝皮书
宁夏生态文明建设报告（2019）　　　　宁夏社会科学院　编

责任编辑　管世献　王　艳
责任校对　陈　晶
封面设计　张　宁
责任印制　肖　艳

黄河出版传媒集团
宁夏人民出版社　出版发行

地　　　址　宁夏银川市北京东路 139 号出版大厦（750001）
网　　　址　http://www.yrpubm.com
网上书店　http://www.hh-book.com
电子信箱　nxrmcbs@126.com
邮购电话　0951-5052104　5052106
经　　　销　全国新华书店
印刷装订　宁夏精捷彩色印务有限公司
印刷委托书号　（宁)0012175

开本　720 mm×980 mm　1/16
印张　15.75　字数　250 千字
版次　2019 年 1 月第 1 版
印次　2019 年 1 月第 1 次印刷
书号　ISBN 978-7-227-07028-3
定价　49.00 元

目　录

绿 色 篇

专 题 篇

区 域 篇

附 录

总报告
ZONGBAOGAO

建设美丽新宁夏 实现环境优美目标

——2018年宁夏生态文明建设研究总报告

李文庆 李晓明 宋春玲 赵 颖

在宁夏回族自治区成立 60 周年之际，习近平总书记"建设美丽新宁夏，共圆伟大中国梦"的题词，寄予了宁夏最美好的祝愿、最殷切的期望，为宁夏生态文明建设指明了前进方向。宁夏生态文明建设工作全面贯彻落实习总书记题词精神，推进宁夏可持续发展，在建设美丽中国、实现中华民族伟大复兴中国梦的征程中作出新贡献。

一、2018 年宁夏生态文明建设成就与现状

2018 年，宁夏大力实施生态立区战略，生态文明建设不断加强，整治环境突出问题，实施重点生态工程，生态环境不断改善。

（一）2018 年宁夏生态文明建设情况

1. 机构改革方面

党的十九大报告贯穿了社会主义生态文明观，提出"加快生态文明体制改革，建设美丽中国"。自治区机构改革方案确定，组建生态环境厅、自然资源厅，作为自治区政府组成部门；组建林业和草原局，作为自治区自然资源厅的部门管理机构。宁夏涉及生态文明建设的机构相继挂牌履行职

作者简介 李文庆，宁夏社会科学院农村经济研究所（生态文明研究所）所长、研究员；李晓明，宁夏社会科学院助理研究员；宋春玲，宁夏社会科学院农村经济研究所（生态文明研究所）助理研究员；赵颖，宁夏社会科学院农村经济研究所（生态文明研究所）博士。

责，为宁夏生态文明建设保驾护航。

2. 大气环境保护方面

宁夏大气环境质量整体呈改善趋势，重点推进中央环保督察整改工作，坚决打好污染防治攻坚战，推动解决了一大批群众身边的生态环境问题。冬春季节是大气污染防治的重点和难点时期，自治区生态环境厅坚持源头治理，聚焦燃煤、扬尘、机动车和重点行业污染治理，实施一系列强化措施，组织了 2018—2019 年全区冬春季大气污染防治攻坚推进会，要求各级政府及有关部门组织开展煤质管控专项行动，加大对煤炭生产企业的监管力度，全面清理非法售煤网点，加强用煤单位储备煤监管，依法查处生产销售不合格煤炭的违法行为。严格煤炭消费总量控制，银川市"东热西送"一期工程建成投用。严格建筑施工工地、矿采区、道路扬尘治理与管控，压实秸秆焚烧污染管控责任，城市道路机械化清扫率平均达到 64%，各地均出台重型车辆绕城方案。严格落实土石方作业、房屋拆迁施工等停工方案，停工工地和裸露地面全覆盖。继续加快老旧车淘汰，减少机动车尾气排放污染，重点对高污染机动车特别是重型柴油车加强监管。开展秋冬季大气污染综合治理攻坚行动，推动全区环境质量持续改善，确保完成国家和自治区确认的环境空气质量和主要污染物减排目标任务。

3. 水生态环境保护方面

宁夏以沿黄生态经济带作为重点区域，以保护黄河、集中式饮用水源地综合整治、黑臭水体综合整治等为重点，深化流域水污染治理和水生态保护，统筹推进水污染防治，全面实施河长制湖长制，安排中央、自治区水污染防治资金 11 亿元，大力支持黄河干支流、重点入黄排水沟、"一河两湖"综合治理和省级及以上工业园区污水处理设施建设。全面实施河湖长制，实施黄河干支流、重点入黄排水沟、"一河两湖"综合治理，全区 36 个城镇污水处理厂全部完成工程建设，达到一级 A 排放标准，31 个省级及以上工业园区实现污水集中处理，8 条重点入黄排水沟建成投运人工湿地工程，11 条黑臭水体已消除或基本消除黑臭。葫芦河、渝河、茹河水质均达到了Ⅲ类，清水河、沙湖水质稳定达到Ⅳ类。为了不断改善黄河水质，宁夏坚持流域上下联动治理，全力以赴治"差水"、保"好水"，主要措施包括集中治理工业园区污染，排查取缔"九小"企业和直排口；采取控源截污、生态修复、末端治理等治理措施，加强入黄排水沟综合整治；加快城镇污水处理设施及配套管网建设，推进污泥处理处置，提高城市污水再生利用水平。在水源地环境保护方面，宁夏加强集中式饮用水源地水源水、出厂水、管网水、末梢水的全过程监管，摸清水源地环境保护问题底数，加快推进饮用水源地保护区规范化建设，定期监测、评估集中式饮用水源地水源、供水厂单位供水和用户水龙头水质状况，并及时向社会公开。针对城市黑臭水体治理，宁夏各地将通过改造排水管道、封堵排水口、敷设截污管道、设置调蓄设施等措施，大力实施排污口专项整治，并因地制宜选择岸带修复、植被恢复、水体净化等措施，逐步恢复河道生态功能。

4.自然生态保护与修复方面

在加强自然生态保护方面，2018年宁夏在全国率先制定生态保护红线并首批通过国家审核，率先开展生态保护红线管理地方立法。连续两年扎实开展"绿盾"自然保护区清理整治专项行动，开展贺兰山生态环境综合整治行动，共排查自然保护区人类活动点位2616处，保留和完成整治2556处，正在整治60处。白芨滩国家级自然保护区的42家企业全部拆除退出，共退出土地面积2174亩，开展生态恢复面积2045亩。宁夏紧紧依托三北防护林、退耕还林、天然林保护等国家重点林业工程，扎实推进生态移民迁出区生态修复与建设、主干道路大整治大绿化、防沙治沙综合示范区建设等工程，2018年完成造林任务145万亩，其中，六盘山重点生态功能区降水量400毫米以上区域造林绿化工程完成51.8万亩，引黄灌区平原绿洲生态区绿网提升工程完成8.6万亩，南华山外围区域水源涵养林建设提升工程计划13.9万亩，生态面貌不断改善，优美生态环境成为宁夏亮丽名片。湿地保护工作成效明显，2018年银川市荣获全球首批"国际湿地城市"称号，这是目前国际上在城市湿地生态保护方面规格高、分量重、含金量足的一项荣誉。宁夏始终把防沙治沙工作摆在突出位置，持之以恒地推进防沙治沙工作，稳步推进全国防沙治沙综合示范区建设，积极培育壮大沙产业，着力促进农民增收，努力实现沙退民富。

2018 年，宁夏生态环境治理和保护方面还存在一些问题，一是中央环保督察部分整改任务进展较慢，2018 年需完成整改的 10 项任务，还有部分任务未达到时序要求，一些地方政府对自治区交办任务落实较慢，"散乱污"企业整治、重点污染源管控等难点工作进展不平衡。二是完成国家考核目标压力仍较大，由于宁夏生态环境基础薄弱，历史欠账较多，冬春季供暖期间是大气污染防控难点，水源地达标率仍有一定差距，黄河支流、重点入黄排水沟、清水河、星海湖水质还不稳定，环境质量存在反弹的可能等。

（二）2018 年宁夏生态文明建设现状

1. 环境空气质量

2018 年 1—10 月，全区地级城市环境空气优良天数比例占 87.6%，高于国家考核目标 11.1 个百分点，高于自治区考核目标 10.6 个百分点。PM2.5 平均浓度 33 微克/立方米，较 2015 年同期下降 13.2%，PM10 平均浓度 77 微克/立方米，同比下降 11.5%。按环境空气质量综合指数由小到大进行评价，环境空气质量由好到差排名依次是：固原市、中卫市、吴忠市、宁东基地、石嘴山市、银川市。按环境空气质量综合指数同比变化率进行评价，同比改善程度由大到小的顺序依次是：银川市、吴忠市、石嘴山市、中卫市、固原市、宁东基地。在参与全国空气质量评价排名的 338 个地级城市中，吴忠市为 138 名，固原市为 140 名，中卫市为 182 名，银川市为 259 名，石嘴山市为 266 名。按环境空气质量综合指数同比变化率进行评价，中卫市、宁东基地、固原市环境空气质量下降，其他 3 市改善，同比改善程度由大到小的顺序依次是：石嘴山市、银川市、吴忠市（见表 1）。

2. 水环境质量

2018 年 10 月，黄河干流宁夏段监测的 6 个国控（考核）断面均为 II 类优水质，所占比例为 100%（见表 2）。宁夏境内 8 条黄河支流水质总体为轻度污染。全区 8 个沿黄重要湖库水质总体为轻度污染。3 个国考湖库水体中，石嘴山沙湖水质类别为 IV 类，未达到考核目标 III 类水质要求；中卫香山湖、鸭子荡水库水质类别均为 II 类，达到考核目标要求。

表1　2018 年 1—10 月宁夏 5 市和宁东环境空气质量状况排名

| 区域 | 综合指数排名 | | 综合指数同比变化率排名 | | | 优良天数 | | 主要监测项目平均浓度（ug/m³） | | | |
| | | | | | | | | 可吸入颗粒物 | | 细颗粒物 | |
	排名	综合指数	排名	同比变化(%)	空气质量变化情况	比例(%)	同比(%)	平均浓度	同比变化(%)	平均浓度	同比变化(%)
固原市	1	3.79	5	−4.8	改善	97.0	2.2	72	−1.4	29	−3.3
中卫市	2	3.99	4	−8.5	改善	90.7	8.4	73	−6.4	31	−6.1
吴忠市	3	4.02	2	−16.6	改善	86.5	0.0	76	−13.6	31	−18.4
宁东	4	4.61	6	−2.9	改善	91.2	5.3	88	0.0	29	−17.1
石嘴山市	5	4.94	3	−12.9	改善	83.2	9.1	83	−10.8	36	−12.2
银川市	6	4.94	1	−20.8	改善	80.5	12.9	82	−21.9	36	−21.7
全区（不含宁东）	—	4.35	—	−13.2	改善	87.6	6.5	77	−11.5	33	−13.2

表2　黄河干流宁夏段各断面水质类别比较

| 断面名称 | 断面功能 | 考核目标 | 水质类别 | | |
			2018 年 10 月	2017 年 10 月	2018 年 9 月
中卫下河沿	甘肃—宁夏省界	Ⅱ类	Ⅱ类	Ⅱ类	Ⅱ类
金沙湾	中卫—吴忠市界	Ⅱ类	Ⅱ类	Ⅱ类	Ⅱ类
叶盛公路桥	吴忠—银川市界	Ⅱ类	—	Ⅱ类	Ⅱ类
银古公路桥	控制黄河宁东能源化工基地段水质	Ⅱ类	Ⅱ类	Ⅱ类	Ⅱ类
平罗黄河大桥	银川—石嘴山市界	Ⅲ类	Ⅱ类	Ⅱ类	Ⅱ类
麻黄沟	宁夏–内蒙古省界	Ⅲ类	Ⅱ类	Ⅱ类	Ⅱ类

二、2019 年宁夏生态文明建设展望

2018 年中央经济工作会议指出："打好污染防治攻坚战，要坚守阵地、巩固成果，聚焦做好打赢蓝天保卫战等工作，加大工作和投入力度，同时要统筹兼顾，避免处置措施简单粗暴。"2019 年，将以习近平总书记为宁夏 60 大庆题词精神为指引，以中央经济工作会议精神为统领，大力实施生态立区战略，全力整改中央环保督查反馈问题，全力改善生态环境，全力推进自然生态保护，努力实现美丽新宁夏目标。

（一）全力整改中央环保督查反馈问题

自治区党委、政府始终把生态环境保护工作放在全局工作的重中之重，持续高位推动中央环保督察整改。2019 年，自治区各相关部门将形成齐抓共管同治的生态环境工作格局，各地党委、政府将进一步严格履行生态环境"党政同责，一岗双责"，全力抓好整改工作。要切实加大督察问责力度，推进各地、各部门落实责任，强化问题整改责任追究，要在贺兰山国家级自然保护区整治、重点流域湖泊水污染治理、药企恶臭污染治理以及大气污染防治、环保资金投入等方面取得新成效。

（二）强化生态环境保护

按照主体功能区定位，突出生态环境保护，优化开发区域，控制建设用地增长，以"蓝天工程"、水污染防治等工程为抓手，强化水土资源和大气环境治理、自然生态空间修复等。一是打好蓝天保卫战，坚持把改善空气质量作为生态环境工作的重点，完善全区大气区域联防联控机制，全面开展大气污染防治攻坚行动，实施燃煤、工业、机动车、扬尘污染协同治理，强化烟尘治理、细化扬尘治理、深化气尘治理，统筹推进空气质量改善。二是打好碧水攻坚战，实施流域一体化治理，深入推进水环境综合治理，坚持把保障黄河水环境安全作为生态环境工作的关键，加强黄河支流、重点湖泊保护治理，加快推进重点入黄排水沟综合整治，深入推进城镇和工业园区污水处理设施提标改造，加大力度整治黑臭水体，加强生产、生活污水和垃圾的无害化处理，加大水源地执法力度，切实保护水环境。三是打好净土保卫战，立足预防、防控污染，全面推进农业农村污染防治，农业空间重点加强面源污染控制和土壤污染的治理，生态空间主要减轻生产、生活对生态环境的压力，扎实做好未污染土地保护和预防，加强矿山生态环境治理和重金属综合防控，防止新增土地污染。

（三）大力推进自然生态保护

牢固树立新发展理念，坚持创新驱动，强化资源管理，推进建设美丽新宁夏。一是加强国土绿化，积极实施六盘山重点生态功能区造林绿化工程和引黄灌区平原绿洲绿网提升工程，加快移民迁出区生态修复。二是持续推进防沙治沙，全面落实防沙治沙职责，以沙化土地封禁保护项目为依托，以沙区原生植被保护为重点，以沙产业发展为补充，自然修复与人工措施并举，建设好全国防沙治沙综合示范区。三是全力推进自然保护区环境整治工作，2018年贺兰山自然保护区内100多家企业关停退出，38台风电发电机组退出罗山自然保护区，生态环境治理工程成效显著，要以壮士断腕的勇气、重典治乱的决心，打好贺兰山、罗山等自然生态保卫战。

（四）大力推动产业升级和循环经济

　　坚持绿色发展，结合自治区工业转型升级和结构调整，明确现有各个区域、园区的产业功能定位和产业准入，加快现有产业结构升级，积极推广节能减排新技术、新工艺，加快发展新能源产业。一是深入推进供给侧结构性改革，建立健全绿色低碳循环发展的经济体系。加快淘汰落后产能、化解过剩产能，严禁产能过剩行业新增产能项目。逐步改变倚重倚能经济结构，鼓励企业采用高新技术、节能低碳环保技术和先进工艺，改造提升煤炭、电力、冶金、化工、建材等传统产业向高端化、绿色化发展。大力发展绿色新兴产业，加快培育壮大装备制造、现代纺织、信息技术、新能源、新材料等新兴产业。二是高标准、高水平建设宁东能源化工基地，以生态企业创建推动宁东生态型工业园区建设，使之成为经济增长、结构调整、绿色发展示范园区，用土地置换、政府补助等手段逐步将污染企业搬离市区，推动其向工业园区集中，减少市区环境污染，腾出空间和环境容量，扭转宁夏资源能源消耗过多、环境压力趋增的产业格局。三是大力发展循环经济，积极推广清洁能源，全面推进能源、原材料、水、土地等资源节约和综合利用，形成有利于节约资源和保护环境的产业结构和消费方式，创建资源节约型社会。

（五）统筹城乡生态建设

　　加快建设生态城镇和生态村庄，大力发展生态经济，完善防灾减灾体系，促进人与自然和谐发展。一是坚持规划引领，严格管控城镇开发边界，合理确定发展规模和开发强度。科学开展城市设计，建设城市绿带空间、水循环廊道、清风廊道，提高城市通透性。二是全面开展城乡环境保护和污染治理，加强对重点流域、重点区域和重点工业企业以及农村面源污染的整治，加强固体废弃物的综合治理和再生利用，加强城市和交通干线交通噪声综合治理，不断改善环境质量。三是加强农村人居环境建设，中央经济工作会议要求："要改善农村人居环境，重点做好垃圾污水处理、厕所革命、村容村貌提升。"整治落后的镇容村貌，为农民打造优美的人居环境，加快培育一批特色小镇，推动城镇基础设施和公共服务向农村延伸，推进城乡基础设施一体化建设，大力改善人居环境和村容村貌，大幅提升农民群众生活质量。

（六）积极探索生态补偿机制

根据国家主体功能区的划分，宁夏中南部地区基本上被划定为限制开发区和禁止开发区，要牢固树立"资源有价""生态补偿"的理念，实行资源有偿使用制度和生态补偿制度，坚守生态保护、耕地、水资源三条红线，全面实施退耕还林、天然林保护、湿地保护等重点生态工程，深入推进林权制度改革，加快建立生态补偿机制，增加国家补偿范围，实行最严格的林草保护制度，巩固退耕还林成果，使生态补偿成为生态建设的有效保证和稳定农民增收的有效途径，为建设美丽新宁夏作出积极贡献。

三、宁夏生态文明建设的政策建议

党的十九大报告指出，坚持人与自然和谐共生，加快生态文明体制改革，建设美丽中国。为了进一步整合资源，在建设美丽新宁夏中形成合力，建议如下。

（一）加强和改进宁夏地方生态环境立法

加强和改进宁夏生态环境立法工作，既是完善中国特色社会主义法律体系的必然选择，也是推动法治宁夏建设的重要基础，更是全面建设美丽新宁夏的历史选择。建设美丽新宁夏是一项复杂的系统工程，仅靠政府的行政手段和措施，无法实现建设美丽新宁夏的目标，还需要加强和改进宁夏地方生态环境立法工作，依靠法制的普遍性、强制性和权威性来全面推进建设美丽新宁夏。加强和改进宁夏生态环境立法工作，一是完善自然保护区建设与管理，提高自然保护区管理能力与建设水平；二是加强重点生态功能区保护与管理，构建生态安全战略格局；三是重视对生态敏感区、脆弱区的保护，针对不同地区独特的自然条件和生态保护问题制定区域性立法予以保护；四是将生态区和移民区结合起来，对生态恢复区的林草地保护、修复治理等加强立法工作；五是完善生态环境保护的责任制度，完善资源环境的有偿使用立法工作。

（二）建立资源环境承载力预警制度

资源环境承载力是一个涵盖资源和环境要素的综合承载力的概念，是指在一定时期和一定区域范围内，在维持区域资源结构符合可持续发展需要，区域环境功能仍具有维持其稳态效应能力的条件下，区域资源环境系统所能承受人类各种社会经济活动的能力，进一步细分又包括土地资源、水资源、矿产资源、水环境、大气环境和土壤环境等基本要素。自然资源、生态环境为发展提供必要的支撑，是任何技术都无法替代的基础，经济发展总是伴随着土地、矿产、能源、水等资源的大量消耗，经济的快速发展也导致资源保障和生态环境保护面临严峻的挑战，资源短缺、水污染严重、水生态环境恶化等问题日益突出。建立资源环境承载力监测预警制度，对全区各地资源承载力和大气污染扩散能力进行科学评估，促进生态环境的保护。

（三）建立生态文明建设体系

围绕建设美丽新宁夏和生态文明建设，建立相应体系。一是围绕建立国家西部生态屏障，加快传统林业向现代林业转变，重点抓好"六个百万亩生态林建设工程"、防沙治沙省域示范区建设、退耕还林等重点林业工程，建立生态林业、民生林业体系。二是围绕沿黄经济区建设绿色生态经济带，开发建立森林、湿地、果园、花卉等一体化的经济旅游型生态体系，完善都市农业和旅游观光农业的发展。三是积极推进生态系统综合治理，推进生态型草畜产业和特色植物开发，加大野生植物资源培植与植被修复、小流域综合治理等配套技术和治理模式的应用，加强对中南部地区生态环境修复。

"建设美丽新宁夏"关系人民福祉，关系宁夏发展未来，切实增强责任感和使命感，动员各部门、全社会积极行动，形成部门和社会合力，深入持久推进生态文明建设，共同建设美好家园。

综合篇
ZONGHEPIAN

加快建设美丽新宁夏研究

倪元元

推动绿色发展，实现生态环境保护与经济发展深度融合，是解决好生态与发展问题、推动经济高质量发展的"金钥匙"。要深入学习贯彻习近平总书记为自治区成立60周年题词精神，大力实施生态立区战略，打造西部生态文明建设先行区，积极走生产发展、生活富裕、生态良好的文明发展道路，加快建设美丽新宁夏，为建设美丽中国作出应有贡献。

一、加快建设美丽新宁夏的重要意义

2016年7月习近平总书记视察宁夏时指出，宁夏承担着维护西北乃至全国生态安全的重要使命，要建设天蓝地绿水美的美丽新宁夏。党的十九大报告把"美丽"列入社会主义现代化强国奋斗目标，丰富了社会主义现代化强国的内涵，也对生态文明建设提出了更高要求。2018年9月宁夏回族自治区成立60周年大庆，习近平总书记欣然题词"建设美丽新宁夏，共圆伟大中国梦"，体现了党中央和习近平总书记对宁夏继往开来、再谱新篇的美好祝愿和殷切期望，为新时代推进绿色发展指明了前进方向、明确了重点任务、提供了根本遵循。保护好天蓝地绿水美的生态环境，是建设美丽新宁夏的题中应有之义，也是共圆伟大中国梦的应尽之责。

作者简介 倪元元，宁夏回族自治区政府研究室综合处主任科员。

近年来宁夏深入学习贯彻习近平总书记关于生态文明建设的重要论述，坚持保护生态环境，不断扩大绿色空间，推动山川大地实现了由"黄"到"绿"的历史性转变，成为全国第一个实行全区域草原禁牧封育的省区、全国第一个实现沙漠化逆转的省区，被列为国家重要的防沙治沙、节水型社会建设和引黄灌区现代农业示范区。特别是党的十九大以来，自治区党委认真贯彻落实习近平生态文明思想，自觉担负起保护生态环境的政治责任，把生态环境保护放在前所未有的高度，深入实施生态立区战略，加强生态环境保护和修复，开展贺兰山生态环境综合整治行动，落实河湖长制，全面打响新时代黄河保卫战，集中治理生态环保突出问题，生态环境总体向好的方向转变，为打造西部生态文明建设先行区、建设美丽新宁夏、推动新时代绿色发展奠定了重要基础。

同全国一样，宁夏生态文明建设处于压力叠加、负重前行的关键期，进入提供更多优质生态产品的攻坚期，也到了有条件有能力也必须解决生态环境突出问题的窗口期。"先行"就是要走在前列、做出示范，先行先试，走出一条新时代生态脆弱地区推动绿色发展的新路子。在生态保护建设方面，坚持生态立区、绿色发展，加快构筑以贺兰山、六盘山、罗山自然保护区为重点的"三山"生态安全屏障，保护好北部平原绿洲、中部干旱带荒漠、南部山区绿岛"三大生态系统"，打造西北重要生态安全屏障建设先行区。在国土空间开发利用方面，深化空间规划（多规合一）改革，加快主体功能区建设，优化生产、生活、生态空间结构，率先形成与主体功能区定位相适应、科学合理的城镇化格局、农业发展格局、生态安全格局，打造国土空间开发先行区。在绿色发展方面，坚决守住生态和发展两条底线不动摇，坚持在发展中保护、在保护中发展，以推进沿黄生态经济带、银川都市圈建设为抓手，加快转变发展方式，做好产业承接转移和绿色化转型，形成以产业生态化和生态产业化的生态经济体系，实现经济社会发展与人口、资源、环境相协调，促进生态环境改善和经济持续发展双赢，打造西部转型发展先行区。在环境治理方面，统筹推进山水林田湖草沙一体化生态系统保护和修复，深入实施三北防护林、退耕还林、乡村绿化美化等重大生态工程，落实大气、水、土壤污染防治行动，加快推进城乡环境综合整治，坚决打赢污染防治攻坚战，建设山清水秀、碧水蓝天的美丽家园，打造西部城乡人居环境建设示范区。在制度机制建设方面，用好用足内陆开放型经济试验区政策，在推进改革开放创新上先行先试，改革完善有利于环境保护和生态建设的一系列制度机制、政策措施、防范体系，探索出生态脆弱地区推动绿色发展的可复制可推广的"宁夏经验"，打造生态文明制度建设试验区。

二、加快建设美丽新宁夏的重大挑战

宁夏由北到南形成了既相对独立、稳定完整，又相互依存，各具特色的生态系统。经过多年接续保护建设，生态环境质量持续好转、稳中向好，但成效并不稳固，生态环境依然脆弱、资源和环境承载压力大，成为建设美丽新宁夏的最大障碍，治理污染、保护环境成为与全国同步建成全面小康社会的最大难题。主要表现为：一是生态环境脆弱，生态承载力难以接续。宁夏三面环沙、干旱少雨、水资源短缺，自然生态脆弱。目前，水土流失、土地沙化、荒漠化面积分别为 1.96 万平方公里、1686 万亩、4184 万亩，这些问题依然突出。草原、湿地等生态系统退化的趋势还没有根本扭转，部分地区生态承载力难以为继。二是产业倚重倚能，资源环境约束趋紧。宁夏产业以煤炭、电力、石化、冶金等行业为支柱的工业体系，特别是这些重化工产业占工业比重达 85% 以上，资源能源消耗多，综合利用效率低，节能减排和污染防治压力还在持续加大。在环境约束增大、投资下滑、转型压力陡增的背景下，能源消耗、资源环境与经济发展不相匹配，依赖能源资源消耗的传统增长模式将不可持续，要想在新时代有新作为，摆脱路径依赖、突破倚重倚能的桎梏急为迫切。三是污染问题凸显，环境质量改善压力加大。2016 年中央环保督察反馈指出，宁夏全区大气环境和局部水体环境质量下降，可吸入颗粒物、细颗粒物浓度不降反升，雾霾和重污染天气增多；8 条重点入黄排水沟水质为劣 V 类，5 条水质部分指标仍在恶化，黄河支流还存在劣 V 类水质断面；污水集中处理率仍较低，工业固废、农业面源污染等土壤污染防治形势不容乐观。四是资源利用率低，循环经济发展水平不高。全区单位 GDP 能耗累计降幅较国家平均水平低 11.3 个百分点，万元 GDP 能耗 1.998 吨标准煤，是全国平均水平的 2.8 倍，资源节约与循环利用的能力和水平有待提高。五是创新能力不足，转型发展任务艰巨。2017 年全区 R&D 经费投入强度达到 1.13%，低于全国 2.1% 的水平，科技支撑体系尚未完全建立，产学研结合不够紧密，科研人才力量不足，技术创新和推广应用不够，节能降耗和循环经济关键共性技术研发、成果转化与产业发展需求存在较大差距。六是生态环保意识不强，生态文明制度体系不完善。环境基础设施建设相对滞后，环境治理、生态保护市场主体较少，全社会生态文明意识还不强。生态环境监管执法、考核评价、责任追究机制还不完善，生态文明体制机制改革需要加快推进。

三、加快建设美丽新宁夏的对策建议

加快建设美丽新宁夏，必须深入贯彻落实习近平生态文明思想，牢固树立和践行绿色发展理念，坚持节约优先、保护优先、自然恢复为主的方针，大力实施生态立区战略，把生态文明建设融入经济社会发展全过程，像保护眼睛一样保护生态环境，像对待生命一样对待生态环境，把未来发展的重点放在"美丽"上，坚决打好污染防治攻坚战，用绿色发展推动生态效益、经济效益、社会效益相统一，促进增收、增绿、增效有机统一，构建生态安全、生态经济、环境治理、生态文明制度、生态文化"五大体系"，努力让各族群众过更加幸福美好的生活，实现经济繁荣与环境优美的互促共赢。

（一）构建生态安全体系

生态环境安全是国家安全的重要组成部分，是经济社会持续健康发展的重要保障。必须坚持合理开发利用与加强保护建设并举，把宁夏这一西北地区重要的生态安全屏障筑得更加牢固，切实担负起维护西北乃至全国生态安全的重要使命。

1. 优化空间布局

发挥空间规划（多规合一）的引领作用，综合协调资源环境承载力、产业布局、城镇化建设、生态环境保护等方面的关系，加快主体功能区建设，加大能源、资源和基础设施投入，促进人口、经济、资源环境协调发

展，形成区域经济优势互补、主体功能定位清晰、国土空间高效利用、人与自然和谐相处的空间格局，还自然以宁静、和谐、美丽。

2. 建设绿色屏障

深入开展"绿盾"自然保护区清理整治专项行动，持续实施天然林保护、三北防护林建设、退耕还林还草还湿、移民迁出区生态修复等重点生态工程，扎实推进贺兰山生态环境综合治理，认真抓好六盘山、罗山生态保护和修复，统筹推进沿黄生态经济带、银川都市圈建设，严把环保准入关口，严格落实节能减排约束指标，探索开展美丽宜居公园城市试点，不断巩固以贺兰山、六盘山、罗山为重点的"三山"生态安全屏障，使绿水青山持续发挥生态效益和经济社会效益。

3. 坚持系统治理

统筹山水林田湖草沙一体化综合治理，从系统工程和全局角度寻求新的治理之道，统筹兼顾、综合施策、多措并举，做好治山理水、显山露水、护草固沙的文章，宜林则林，宜草则草，宜水则水，宜沙则沙，保护好"三大生态系统"。突出绿网提升、农田保护、湿地恢复，推进北部平原绿洲生态系统建设；突出草原生态保护、禁牧封育、防沙治沙，推进中部干旱带荒漠生态系统建设；突出水源涵养、水土保持、节水蓄洪，推进南部山区高原绿岛生态系统建设，提高自然生态系统的稳定性和循环能力。

4. 加强精准造林

扎实推进国土绿化、城乡绿化美化、全民义务植树等行动，因地制宜推进人工造林增绿提质增效。争取将现有林地全部纳入国家"天保工程"补偿范围，引导社会力量投入植树造林和生态建设，让生态环境绿起来、美起来，进一步提高国家西部生态安全屏障的地位和作用，保护好天高云淡、环境优美的亮丽名片。

（二）构建生态经济体系

习近平总书记强调，要建立健全绿色低碳循环发展的经济体系。绿色发展是构建高质量现代化经济体系的必然要求、解决污染问题的根本之策，而绿色产业是绿色发展之基。大力实施创新驱动战略，以提高发展质量和效益为中心，以供给侧结构性改革为主线，深入推进传统产业提升、特色产业品牌、新兴产业提速、现代服务业提档"四大工程",加快调整产业结构、能源结构、运输结构、农业投入结构,发展新经济、培育新动能,构建具有特色和比较优势的生态经济体系和绿色产业体系。

1. 加快工业转型升级

坚持以转型升级和提质增效为核心,以创新为第一动力,加快建设沿黄改革创新试验区,落实好"科技支宁"东西部协作项目,突出企业创新主体作用,推进产学研用协同创新,加强技术改造、技术创新和技术攻关,促进煤炭、电力、冶金、化工等传统产业转型升级,提高绿色清洁生产水平和经济效益。加快宁东现代煤化工基地建设,走精深加工、延产业链、高附加值的路子。围绕中国制造2025,实施"互联网+"、绿色制造、智能制造等行动,推进先进装备制造、现代纺织、大数据、新能源、新材料等新兴产业快速崛起,加快西部云基地、大数据中心建设,打造新材料、机械电子、精细化工、现代纺织四大产业集群。加快推进国家新能源综合示范区建设,培育壮大节能环保产业、清洁生产产业、清洁能源产业,推进资源全面节约和循环利用。

2. 积极发展生态农业

以实施乡村振兴战略为总抓手,依托国家现代农业、旱作节水农业、生态农业"三大示范区",坚持集约化有机化品牌化方向,把发展生态农业与农民增收相结合,推进农业供给侧结构性改革,建立以市场为导向、农民为主体、政府指导和社会参与的联动机制,重点发展优质粮食和现代畜牧、酿酒葡萄、枸杞、瓜菜等特色产业,提升品质、打响品牌、拓展市场,促进农村三产融合,提高农产品附加值、延长产业链、提升价值链,创建一批国家级现代农业示范区和有机产品认证示范区,把宁夏绿色农产品品牌做大做强。

3. 大力发展现代服务业

坚持把加快服务业发展作为经济转型升级的战略支点,高起点谋划现代服务业布局。根据各区域资源禀赋、产业基础和功能定位,规划建设一批服务业集聚区,加快全域旅游示范区建设,形成以全域旅游为龙头,物流、金融、健康、养老、会展等产业齐头并进的现代服务业发展格局,推动生产性服务业逐渐向专业化和价值链高端延伸，生活性服务业逐渐向精细化和高品质转变，不断提升现代服务层次和水平，培育壮大新产业、新业态、新模式等发展新动能。

（三）构建环境治理体系

习近平总书记指出，良好生态环境是最普惠的民生福祉。坚持生态利民、生态惠民、生态为民，优先解决损害群众健康的突出环境问题，实行治、管、防并举，坚决打好污染防治攻坚战，不断满足人民日益增长的优美生态环境需要。

1. 加大污染防治力度

实施好蓝天、碧水、净土"三大行动"，以治理大气污染为重点，坚决打赢蓝天保卫战，突出"控煤治气减尘"，坚持联防联控，有效防治雾霾和重污染天气，改善空气质量，还老百姓蓝天白云、繁星闪烁。以保护黄河母亲河为重点，持续打好新时代黄河保卫战，落实五级河长制，综合整治入黄排水沟、城镇污水和工业污水，加快补齐城镇和工业园区污水收集和处理短板，加快实现污水管网全覆盖、全收集、全处理，保障饮用水安全，基本消除城市黑臭水体，让母亲河永远健康。以农业面源污染防控、工业固废处置为重点，强化土壤污染管控和修复，有效防控重大环境风险，持续开展农药和化肥减量增效行动，让农田休养生息，让老百姓吃得放心、住得安心。

2. 抓好污染源治理

对重点工业污染源实行 24 小时在线监控和全面达标排放计划，对企事业单位实行污染物排放许可制度，严厉打击偷排超排、无证排放等污染环境行为。持续开展农村人居环境整治行动，推进城乡一体化的基础设施、均等化的公共服务，完善农村生活垃圾和污水处理设施，基本解决好农村垃圾、污水和厕所问题，建设生态宜居的美丽乡村。建立垃圾分类回收、再生资源回收体系。

3. 加强环保执法督查

抓好源头严防、过程严管、后果严惩，坚持"党政同责，一岗双责"，强化各级党委和政府及相关部门生态环保责任，建立环保倒逼机制，促进企业落实节能减排和环境保护主体责任。建立自治区环保督察制度，加强环境监管体系和能力建设，探索生态环保综合执法，让环保监察执法硬起来强起来，以督察利剑强化绿色发展理念。

（四）构建生态文明制度体系

习近平总书记强调，正确处理发展和生态环境保护的关系。在推进生态文明建设体制机制改革方面先行先试，把提出的行动计划扎扎实实落实到行动上，实现发展与生态环境保护协同推进。

1. 加强目标考核

强化组织领导，建立科学决策机制、工作协调机制、政绩考核机制和责任追究机制，形成有利于推进生态文明建设的工作格局。完善绿色政绩考核，建立生态文明建设考核目标体系和绿色发展指标体系，取消重点生态功能区和生态脆弱市、县（区）GDP考核，差异化设置考核指标权重，充分发挥考核"指挥棒"作用。建立领导干部任期生态文明责任制，实行领导干部自然资源资产和环境责任离任审计及生态环境损害责任终身追究制度。

2. 建立健全制度

建立自然资源管理及用途管制制度，健全自然资源资产产权知促，实行最严格的耕地保护、水环境治理和生态保护红线管控制度，划定自然保护区、森林、草原、湿地等生态保护红线，明确保护区域和范围，把红线落实到山头地块，用制度红线守住绿色底线。

3. 敢于先行先试

探索建立生态补偿制度，争取建立六盘山地区跨区域生态保护补偿机制，加大对禁止和限制开发区域市、县的财政转移支付力度，使保护生态环境得到合理回报和经济补偿。争取六盘山国家公园试点。积极融入"一带一路"、新一轮西部大开发、东西部扶贫协作等，与东部地区、对口协作省区、毗邻省区、部委企业等进一步深化绿色产业发展合作。完善资源环境价格机制，将生态成本纳入经济运行成本，运用市场化、多元化手段，引导各类主体投入绿色产业发展，推行环境污染第三方治理。

4. 强化法治保障

树立法治思维，用最严格制度最严密法治保护生态环境，加快创新，强化执行，让制度与法律成为刚性的约束力和不可触碰的高压线。健全环境法规标准，制定完善促进绿色发展、污染防治等地方性法规。落实最严格的环保制度，研究制定新进项目环保负面清单，深化机构改革，完善执法监管体系建设，建立统一的生态环境保护监管机构，强化对生态系统的综合保护与管理。深化行政执法与刑事司法衔接工作，加大环境污染犯罪打击力度，对违法行为零容忍、全覆盖。

（五）构建生态文化体系

习近平总书记强调，绿色是生命的象征、大自然的底色，更是美好生活的基础、人民群众的期盼。绿色发展是最大的发展，绿色文明是最大的文明。

1. 树牢绿色发展理念

坚持深入学习贯彻习近平生态文明思想，把生态文明建设摆在全局工作突出地位，将绿色发展理念渗透至规划编制、项目审批、园区建设、重大工程、人民生活和政府监管等各方面，不断增强践行绿色发展理念的自觉性和主动性。

2. 增强生态文明意识

大力弘扬生态文明价值理念，加强生态环境战略地位和绿色价值观教育，积极培育普及生态文化和生态道德，将生态文明教育纳入国民教育、干部职工培训、农民技能培训体系，广泛开展各种生态文化活动，落实生态环境行为规范，提升公众生态环境素养，让保护生态、节约资源、拒绝污染等生态文明意识深入人心。

3. 倡导绿色生活方式

开展绿色低碳行动，大力倡导简约适度、绿色低碳的生产生活方式和消费模式，制定促进绿色生产、生活、出行、消费等方面的政策措施，扩大绿色产品供给，降低绿色产品价格，抵制和反对奢侈浪费与不合理消费，积极创建节约型机关及绿色家庭、学校、社区和企业，在全社会形成崇尚生态文明、践行绿色发展的良好风尚。

4. 鼓励公众积极参与

完善环境信息公开、环保信用评价制度，健全举报、听证、舆论和公众监督等制度，推进环境决策、环境监督、环境影响评价等重点领域的公众参与，推动全社会参与生态文明建设。

宁夏生态环境保护事业回顾与展望

李禄胜　崔万杰

宁夏回族自治区成立 60 年来，宁夏生态环境发生显著变化。尤其是党的十八大以来，自治区党委、政府高度重视生态环境保护，全区生态环境持续改善，监管能力体系建设不断加强，生态环境保护工作水平不断提升。

一、生态环境建设的发展历程

自治区成立 60 年来，生态环境建设的发展历程大致可划分为萌芽、起步、发展和深化四个阶段。

（一）萌芽阶段（1949—1972 年）

新中国成立之初，宁夏总人口为 119.75 万人，全区工业企业较少，而且规模普遍较小，经济建设与环境保护之间的矛盾尚不突出。随着经济社会的发展，环境问题开始逐步显现。20 世纪 50 年代后期，由于受"大跃进"运动搞大炼钢铁和围湖造田运动影响，宁夏的生态环境和湖泊湿地遭受到人为的破坏。20 世纪 60 年代初期，由于国民经济结构大调整，工业对生态环境的压力有所减缓，但已经很难在短时间内改变不合理的工业布局对环境的压力。特别是"文化大革命"期间，全区生态环境受到了更为严

作者简介　李禄胜，宁夏社会科学院农村经济研究所（生态文明研究所）研究员；崔万杰，宁夏环境宣传教育中心干部。

重的冲击，加上人口迅速增长，对耕地造成了巨大的压力，毁林开荒，围湖造田，农业生态环境破坏严重，环境形势日益严峻。

（二）起步阶段（1973—1996年）

宁夏环保机构建设起步于20世纪70年代。1973年，国务院召开第一次全国环境保护会议后，宁夏成立了治理工业"三废"领导小组，结束了宁夏没有专门环保职能机构的历史。1974年"三废"领导小组更名为自治区环境保护领导小组，并开始了对银川市大气环境质量进行连续性动态观测。1981年，宁夏环境保护局正式成立，全区环境保护工作还处于一个初级发展阶段。1989年，宁夏召开的第三次全区环境保护会议，确定了防治污染、改善生态环境为环境保护的目标和任务。1996年，宁夏按副厅级机构组建自治区环境保护局。1998年，明确自治区环境保护局是自治区人民政府环境保护行政主管部门。自此，环保机构更加完善，人员编制进一步增加，业务范围进一步拓展。

（三）发展阶段（1997—2006年）

1998年1月，根据《自治区党委、人民政府关于印发自治区党政机构改革方案实施意见》的通知，自治区人民政府办公厅印发《自治区环境保护局职能配置、内设机构和人员编制方案》，明确规定自治区环境保护局是自治区人民政府环境保护行政主管部门。当年9月召开的第四次全区环境保护会议研究部署了宁夏跨世纪的生态环境工作。

进入21世纪，宁夏环境保护事业步入了新的发展阶段。2000年，自治区环境保护局被明确为主管全区环境保护工作的自治区人民政府直属机构，工作领域和业务范围得到了进一步拓展。2001年3月，宁夏《关于依法推进环境保护工作的决定》，进一步明确了全区环境保护工作的目标、任务和措施，这一年全区环保总投入占全区GDP的2.94%，创历年之最，工业污染治理力度、环境管理水平均有所提高。

2002年，宁夏召开第五次全区环境保护大会；全面启动"1259"重点区域环境综合整治工程。2003年，宁夏提出对化工、冶金等结构性污染严重的产业进行技术改造和结构调整的意见，促进结构性污染问题的解决，并把生态保护和建设作为西部大开发战略的根本出发点。2004年，宁夏提出"政府管环保、社会办环保""实施项目带动战略"的工作思路，进一步丰富和拓宽了环境保护的手段和领域。2005年，宁夏又把发展循环经济作为主要工作内容，继续深化环保工作的指导思想和实践。2006年9月，自治区党委、政府召开第六次全区环境保护大会，印发《贯彻落实科学发展观进一步加强环境保护的决定》，要求用科学发展观统领环境保护工作，以保护环境优化经济增长，出台了《关于加快产业结构调整的意见》，自治区政府与五市政府签订了环境保护目标责任书。

（四）深化阶段（2007年至今）

2007年，国家相继出台了加强节能减排、主要污染物总量控制等一系列政策措施，宁夏先后制定出台系列文件，进一步明确了环境保护工作的目标任务。2009年，自治区环境保护局在新一轮机构改革中升格为自治区环境保护厅，成为自治区人民政府组成部门，各市县区环境保护机构、队伍和业务范围也相应调整，环境保护机构行政主管部门从政府直属机构升格为自治区政府组成部门。2010年以来，全区公众环境保护意识、生态环保法制建设和执法监督管理体系、污染物总量控制、重点城市环境质量、生态和农村环境保护、环保能力建设等各领域的工作都有了较大进展，取得了明显成效。

根据《宁夏回族自治区机构改革方案》要求，2018年11月，新组建的自治区生态环境厅正式挂牌，作为自治区政府组成部门。新组建的自治区生态环境厅将承担统一行使监管城乡各类污染排放和行政执法等职责，全方位打通地上地下、岸上水里、农村城市等治理，有力推进宁夏生态环境建设。

二、宁夏生态环境保护事业的现状及成效

自治区成立60年来，宁夏环境保护事业从最初的"三废"治理、单一的工业污染防治，拓展到今天的水、大气、土壤环境管理、环境立法和监察执法、环境宣传教育、环境监测和辐射环境监管、环境科研等多个领域。

（一）全民环境保护意识不断增强

宁夏始终把提高全社会生态文明意识作为巩固和扩大生态环保工作成

果的重要基础，对生态环境保护的认识由浅入深，由片面到全面，由"污染环境"到"治理环境"，由"先污染后治理"到发展经济与保护环境并重，经历了一个不断深化、不断提升的过程。1990年，宁夏成立了自治区环境保护局培训部（宁夏环境宣传教育中心的前身），将环境教育列入干部培训的必修课，提高各级领导和广大公务员的环境保护意识。

（二）全区环境质量得到明显改善

全区环境质量明显改善。水环境管理方面，宁夏坚持把保护黄河水环境安全作为全区环保工作的核心，通过强化源头减污、工程治污等综合措施，黄河干流宁夏段水质大幅改善，连续多年保持Ⅲ类以上良好水质，Ⅱ类优水质断面所占比例逐年提高，尤其是2017年黄河干流宁夏段首次实现了出入境均达到Ⅱ类优水质的历史性突破。环境空气质量方面，坚持把打赢蓝天保卫战作为全区环保工作的重中之重，通过"四尘"同治，全区5个地级市环境空气质量总体改善。银川市环境空气质量多年位居西北省会城市前列，荣获全国环境保护模范城市称号，成为西北省会城市中首座获此殊荣的城市。石嘴山市摘掉了空气污染严重城市的帽子。

宁夏坚持把自然生态保护作为全区生态环保工作的重点领域，通过强化保护与工程治理。2017年，全区生态环境质量指数（EI）值45.56，较2006年的41.02上升了4.54。率先在全国开展农村环境综合整治全覆盖试点，累计投入专项资金20亿元，对全区2362个行政村及241个生态移民安置区进行了环境综合整治，建设并完善了一批生活和农村垃圾集中处理设施，改善了农村人居环境，增强了文明观念，受益农民300多万人。全区土壤综合污染指数全部在达标范围内，土壤环境整体处于清洁（安全）水平。辐射环境质量和声环境质量始终保持较好水平。

（三）环境保护法治体系不断完善

环境保护法治体系不断完善。宁夏回族自治区成立60年来，尤其是改革开放以来，环境保护法治体系日臻完善。1990年，宁夏制定并颁布的全区首部环境保护领域的地方法规——《宁夏回族自治区环境保护条例》，此后宁夏自然保护区、建设项目、辐射环境等方面先后出台相关法规。

近年来，宁夏环境立法不仅数量在增多，而且质量也在不断提高。宁夏率先在全国制定出台《宁夏回族自治区环境教育条例》，填补了我国环境教育立法的空白，开创了环境教育地方立法的先河；2017 年，宁夏颁布实施《宁夏回族自治区大气污染防治条例》。部分市县也制定出台了相关法规，银川市颁布实施了《银川市餐饮服务业环境污染防治条例》《银川市建筑垃圾管理条例》等，为查处环境违法行为提供了有力的法律保障。石嘴山、吴忠、中卫市针对电石、铁合金、焦炭以及造纸行业制定了许多有鲜明地方特色的环境保护法规性文件，依法治理生态环境迈出实质性步伐。

（四）环境监管能力不断提升

宁夏坚持把加强环境监管能力与体系建设作为生态环保工作的重要抓手。目前，全区环境空气和水环境质量监测点位达到 160 个（大气 45 个、水 115 个），基本覆盖了 5 个地级市城区、大部分县城、部分重点工业园区和黄河干支流、主要湖泊、重点入黄排水沟和城市集中式饮用水源地。布设农用地土壤详查点位 3026 个，土壤环境质量监测能力显著增强。环境监察、监测、辐射等标准化建设稳步推进，设施设备和监管手段大幅改善。重点控制地区重金属排放量大幅削减，辐射环境安全可控。建成了 5 个地级市城市环境空气和辐射环境自动监测站、宁东基地环境安全信息化平台等基础工程，全区环境风险防范和应急处置能力大幅提升。与周边省（区）建立健全了区域联防联控机制、突发事件应急响应联动机制，统一监测、联动执法、协同应急迈出实质性步伐。

在自然生态保护方面，60 年来，宁夏自然生态保护工作取得了显著成效。通过不懈努力，宁夏自然保护区从无到有，面积不断扩大，保护区内生物从单一稀少逐渐丰富多样，形成门类较为齐全的自然生态保护体系。截至 2018 年年底，全区共建立各种类型自然保护区 14 个，其中，国家级自然保护区 9 个、自治区级自然保护区 3 个、自然保护点 1 个；保护区批复总面积 52.86 万公顷，占全区国土面积的 10.18%，其中国家级自然保护区占全区国土面积的 8.85%。

三、生态环境领域存在的问题与建议

要深刻领会和把握习近平总书记关于生态文明建设的重要论述，深入实施蓝天、碧水、净土"三大行动"，紧盯目标，铁腕治污，全民动员，坚决打赢污染防治攻坚战，确保宁夏青山常在、清水长流、空气常新。

（一）落实党政主体责任

地方党委和政府对生态环境保护负总责。落实领导干部生态文明建设责任制，严格实行党政同责、一岗双责。自治区、市、县（区）党委与政府主要负责人是本行政区域生态环境保护第一责任人，其他有关领导成员在职责范围内承担相应责任。区直有关部门要按照职责分工，落实主体责任，强化协调沟通，建立推进工作机制，促进全区环境质量改善。

强化各单位生态环境保护责任。各级党委、政府对本行政区域的生态环境保护工作及生态环境质量负总责，各地各有关部门负责本地区、本领域的污染减排、监督管理等生态环境保护工作。自2019年起，各市、县（区）及区直有关部门要制订生态环境保护年度工作计划和措施，报自治区党委、政府备案，并向社会公开。

健全环境保护督察机制。全面抓好中央环境保护督察反馈问题整改落实。全面推进自治区级环境保护督察，加强中央和自治区两级督察衔接联动，以解决突出环境问题、改善生态环境质量、推动高质量发展为重点，夯实生态文明建设和生态环境保护政治责任，建立健全长效治理机制。完善督察、交办、巡查、约谈、专项督察机制，加强督察队伍能力建设，完善相关机制和配套措施，逐步健全自治区级环境保护督察体系，推动环境保护督察向纵深发展，不断提高督察效能。

（二）强化考核问责

自治区党委和政府按照年度目标对本实施意见推进情况进行考核，考核结果与干部管理使用、评先择优、污染防治相关奖补资金分配挂钩。对导致环境质量恶化，造成严重后果的，给予组织处理或党纪政务处分，终身追究责任。实行生态环境保护工作量化问责机制，对各级各类环保督察、执法检查发现的生态环境违法问题累积达到一定数量，未完成各级各

类环保督察交办问题整改的，按累积数量逐级问责分管负责人、党政主要负责人。

四、宁夏生态环境工作的展望

2017 年，自治区第十二次党代会作出实施生态立区战略的重大决策部署，印发了《关于推进生态立区战略的实施意见》，提出利用 3—5 年时间，基本解决大气、水、土壤环境突出问题，环境空气质量优良天数比例达到 80%，地表水国控断面Ⅲ类及以上水质比例达到 73.3%，受污染耕地安全利用率达到 98% 以上、消除重污染天气和劣五类水体等具体目标。明确要求通过打造沿黄生态经济带、构筑西北生态安全屏障、铁腕治污、完善生态文明制度体系、加强环境监管体系与能力建设，打造西部地区生态文明建设先行区，筑牢西北地区重要生态安全屏障，为保护环境和建设美丽新宁夏提供了重要支撑与保障。

宁夏在全国较早划定生态保护红线。确定生态保护红线的范围约 1.28 万平方公里，占全区总面积的 24.76%，形成了"三屏一带五区"的生态安全格局，有力保障了全区"多规合一"试点推进，与京津冀、长江经济带14 个省区第一批通过国家审核。

2018 年 5 月全国生态环境保护大会召开后，宁夏党委、政府召开全区生态环境保护大会，指出自治区第十二次党代会以来，全区上下坚决贯彻落实党中央部署要求，大力实施生态立区战略，坚决打好污染防治攻坚战，加快建设天蓝地绿水美的美丽新宁夏，开创新时代宁夏生态文明建设新局面。同时，宁夏印发《关于加强生态环境保护 坚决打好污染防治攻坚战的实施意见》《打赢蓝天保卫战三年行动计划（2018—2020 年)》，确定了自治区未来 3 年大气污染防治工作的总体要求、主要目标、重点区域和重点任务要以改善大气环境质量为核心，解决群众关心的突出问题为导向，强化区域联防联控，明显降低颗粒物浓度，明显减少重污染天数，明显改善大气环境质量，明显增强人民的蓝天幸福感，坚决打赢蓝天保卫战。到2020 年，全区二氧化硫、氮氧化物排放量分别比 2015 年下降 12%；地级城市 PM10 年均浓度较 2015 年下降 11%，PM2.5 年均浓度较 2015 年下降

12%，空气质量优良天数比率平均达到 80%，重污染天数较 2015 年减少 25%；县级城市 PM10 平均浓度较 2017 年下降 7.5%，PM2.5 较 2017 年下降 2.9%，空气质量优良天数比率平均达到 85%，全区空气质量稳步改善。

良好的生态环境是最公平的公共产品、最普惠的民生福祉。必须立足宁夏生态环境脆弱的实际，牢固树立尊重自然、顺应自然、保护自然的绿色发展理念，像保护眼睛一样保护生态环境、像对待生命一样对待生态环境，坚决摒弃损害甚至破坏生态环境的发展模式，坚决摒弃以牺牲生态环境换取一时一地经济增长的做法，承担起维护西北乃至全国生态安全的重要使命，让宁夏的天更蓝、地更绿、水更美、空气更清新。

宁夏生态文明建设重点工程研究

宋春玲　吴　月

生态文明建设是中华民族永续发展的千年大计，生态环境的修复、治理和保护是一项复杂的系统工程。习近平同志在党的十九大报告中指出，要牢固树立社会主义生态文明观，推动形成人与自然和谐发展现代化建设新格局。"建设美丽新宁夏，共圆伟大中国梦"，饱含了习近平总书记的殷切期望，承载着老百姓的真挚期待，明确了宁夏未来发展的目标，绘就了宁夏美好生活的新蓝图。

一、宁夏生态文明重点工程建设的背景和阶段

（一）宁夏生态文明重点工程建设的背景

宁夏地处黄土高原、蒙古高原和青藏高原交会地带，生态地位十分重要，但生态环境极为脆弱，是我国生态安全战略格局中"黄土高原—川滇生态屏障"及"北方防沙带"的重要组成部分，在国家生态安全战略格局中具有特殊地位，保障着黄河上中游及华北、西北地区的生态安全。宁夏回族自治区成立60年来，自治区历届党委、政府立足宁夏实际，认真落实国家生态环境保护与开发建设的政策，通过实施天然林资源保护工程、退

作者简介　宋春玲，宁夏社会科学院农村经济研究所（生态文明研究所）助理研究员；吴月，宁夏社会科学院副研究员、博士。

耕还林与水土保持工程、国家三北防护林建设、防沙治沙与禁牧封育工程、野生动植物保护与自然保护区建设工程、湿地保护工程、生态修复以及自治区"六个百万亩"等重大生态林业建设工程，并通过实施生态环境综合整治工程、小流域综合治理、矿山生态恢复、美丽乡村建设、节能减排与资源循环利用等工程建设，宁夏生态环境得到了明显改善。截至 2017 年年底，宁夏全区完成营造林 107.6 万亩，补植补造 60.7 万亩，城市绿地率达 36.7%，空气质量优良天数 279 天，黄河流域水质优良比例达 73.3%，治理荒漠化 50 万亩，治理水土流失 915 平方公里。

（二）宁夏生态文明重点工程建设阶段

宁夏回族自治区成立 60 年来，自治区历届党委、政府立足宁夏实际，认真落实国家生态环境保护与开发建设的政策，实施了天然林资源保护工程、退耕还林与水土保持工程等多个工程。60 年来，宁夏生态文明重点工程建设可分为三个阶段：

1958—1998 年的 20 年，宁夏生态环境得到初步治理。1978 年，宁夏全境列入三北防护林体系建设范围，以此为标志，宁夏开始了生态文明建设的新探索。

1999—2011 年，生态环境进入综合治理时期，全区生态环境保护工作进一步加强。通过生态建设和环境治理，逐步解决了经济社会发展与自然环境之间不协调、不可持续的问题，生态环境有较大改善。

2012 年至今，生态环境综合改善的生态文明建设新阶段。习近平总书记视察宁夏时提出的"建设天蓝、地绿、水美的美丽宁夏"指示精神成为全区上下的共同意志和自觉行动。

人类随着工业革命进入以蒸汽时代、电气时代为标志的"工业文明"，随着电子信息、生命科技等技术的发展进入"后工业文明"。目前，我们正处于生态文明时代，是绿色文明，是新时代中国特色社会主义中的"新时代"。

二、宁夏生态文明重点工程建设

宁夏回族自治区党委、政府高度重视生态文明建设，特别是自治区第十二次党代会提出的生态立区战略，推动宁夏生态文明建设跨上新台阶。

深入贯彻落实党的十九大提出的建设美丽中国的总体要求和习近平总书记视察宁夏时的讲话精神，坚持绿水青山就是金山银山，坚定不移地推进绿色发展，推进生态立区战略，打造西部地区生态文明建设先行区，擦亮天蓝、地绿、水净、空气清新、宜居宜业这张宁夏名片。

（一）生态环境综合整治工程

按照国家、自治区主体功能区划的要求，结合宁夏自然条件、生态环境特征、生态系统类型、生态环境问题等，构建了宁夏"三屏一带五区"为主体的生态综合治理建设布局。"三屏"即贺兰山生态屏障、六盘山生态屏障以及罗山生态屏障；"一带"为黄河岸线生态廊道；"五区"为引黄灌区平原绿洲生态区、中部荒漠草原防沙治沙区、南部黄土丘陵水土保持区、贺兰山林草区以及六盘山水源涵养林草区。随着综合整治工程的进一步实施，大气环境、水环境、固体废物等均得到有效改善，建设一批环境信息化智慧环保项目、工业园区环境质量智能感知监管项目、应急能力标准化建设项目、环境检测重点实验室等众多项目，有效提升了宁夏的生态环境。

（二）林业资源保护和建设工程

宁夏的天然林资源保护工程始于 2000 年，宁夏天保工程区共有林业用地 1704 万亩，包括有林地 240 万亩、灌木林地 286 万亩、未成林造林地 51 万亩、疏林地 36 万亩、宜林地 1090 万亩，管护面积 577 万亩（含 71 万亩天然林）。宁夏天保工程建设主要包括森林管护、飞播造林、封山（沙）育林等主要内容。宁夏三北防护林工程始于 1978 年，涉及宁夏 19 个县市，是全国唯一全境列入三北工程的省（区、市）。目前正在实施第五期工程建设。通过人工造林、封山（沙）育林、飞播补植补播、生态移民、苗圃培育及建设等措施，并积极推行林木管护承包责任制等体制机制创新，规范化管理，使区域森林覆盖率、森林蓄积量、草原覆盖度明显增加，保护耕地及草地面积大幅提高，治理水土流失、荒漠化土地成效显著，土地承载力和抗御自然灾害的能力得到提高，宁夏生态环境明显改善。2018 年 11 月 30 日，三北工程建设 40 周年总结表彰大会在北京召开。经过 40 年不懈努力，工程建设取得巨大生态、经济、社会效益，成为全球生态治理的成功典范。当前,三北地区生态依然脆弱。继续推进三北工程建设不仅有利于区域可持续发展,也有利于中华民族永续发展。

(三)退耕还林工程

退耕还林工程实施了三个阶段。第一阶段(2000—2001年)国家下达宁夏退耕还林任务104万亩,全部安排在水土流失及沙化严重的南部山区8县(含红寺堡)。第二阶段(2002—2006年)宁夏对全区范围内水土流失和风沙侵蚀严重地区进行全面治理,共完成退耕还林和荒山造林1035万亩,退耕还林成效显著。第三阶段(2007年至今)国家暂停安排退耕地还林任务,但仍继续安排荒山造林和封山育林任务,并且延长退耕还林补助期政策,设立了巩固退耕还林成果专项资金,这一期间宁夏建设任务重点安排大六盘生态经济建设圈和特色产业带建设。宁夏通过实施退耕还林工程取得了显著的生态效益、经济效益和社会效益。2000—2020年,国家累计安排的退耕还林工程任务1468.56万亩,工程区林草覆盖度大幅增加。目前,宁夏将《新一轮退耕还林还草总体方案》确定的具备条件的4240万亩坡耕地和严重沙化耕地以及2017年国务院批准核减的陡坡耕地基本农田落实到地块,2020年前组织实施。

(四)防沙治沙与封山禁牧工程

2003—2017年,宁夏大力实施退牧还草、退耕还草、已垦草原治理等重大草原保护建设工程,积极落实粮改饲试点、标准化规模养殖、畜牧业节本增效等各项措施,切实保护和治理天然草原,使宁夏的草原生态得到明显恢复,水土流失和沙化面积逐年减少,取得了显著的生态效益、社会效益和经济效益。宁夏积极构建防沙治沙示范区和严格实施封山禁牧工程是保障国家生态安全的需要,是全区农业增效、农民脱贫致富的需要,是建设社会主义新农村的需要,同时也是构建人与自然和谐发展的必然途径和有效方式,是促进宁夏经济、社会、生态的可持续发展。宁夏治沙技术被认为在中国乃至世界防沙治沙领域都具有典型示范引领作用。宁夏治沙技术和模式创造了多个全国第一,实现了荒漠化土地和沙化土地面积双缩减,沙化土地连续20多年持续减少,也使得宁夏创造的防沙治沙"中国经验"在国内外广为传播。

（五）自然保护区建设与湿地保护工程

宁夏现有 14 个自然保护区，其中国家级自然保护区 9 个、自治区级保护区 5 个。根据第二次全国湿地资源普查结果：宁夏湿地可划分为 4 类 14 个类型，湿地斑块共有 1694 块，总面积 310 万亩，占全区总土地面积的 5.3%。2018 年，市区湿地率超 10%，远超世界平均水平，银川上榜全球首批"国际湿地城市"。宁夏建立了适合区情的保护区管理体制，不断完善保护区相关法规政策体系，加强保护区监督管理；建立了宣传网站或网页，自然保护区、湿地公园等成为科普教育、生态教育和弘扬生态文明、开展爱国主义教育的重要基地，树立尊重自然、顺应自然、保护自然的良好风尚。目前，《自然保护区工程项目建设标准》《湿地保护工程项目建设标准》经有关部门会审，已批准发布，自 2018 年 12 月 1 日起施行。

（六）节能减排与资源循环利用工程

宁夏狠抓节能降耗，大力推行循环经济，加快推进产业结构调整，力求将青山绿水留给子孙后代。要实现科学发展，核心在于形成一种高端化、高质化、高新化、低碳化、生态化的绿色产业发展体系，构建农业、工业、服务业三大产业循环体系，加快推进传统产业的转型升级，使绿色产业成为助推宁夏实现可持续发展的新引擎。目前，节能和循环经济工作长效机制基本建立。政府还颁布实施了一系列政策措施，成立了节能减排工作领导小组，初步建立了节能统计、监测、考核体系，循环发展和综合利用格局基本形成。目前，《自治区节能降耗与循环经济"十三五"发展规划》已经启动实施。

（七）生态安全屏障建设工程

宁夏是祖国西北重要的生态安全屏障。"坚持生态优先，推动绿色发展"已经成为宁夏各地的思想自觉。构建"三山"（贺兰山、六盘山、罗山）生态安全屏障，提高防风防沙和水源涵养能力。"三山"为宁夏三大天然林区，森林面积占全区天然林的 70% 以上，是宁夏从北到南至关重要的三条生态安全屏障，生态地位极其重要，是宁夏生态保护的重中之重。自 2017 年 6 月 20 日起，宁夏贺兰山国家级自然保护区范围内所有煤炭、砂石等工矿企业关停退出，并进行环境整治和生态修复；保护区内矿产资源开采和建设项目审批停止。在宁夏，以黄河及其支流为脉络，以贺兰山、六盘山、罗山为支点，具有特殊重要生态功能、必须强制性严格保护的自然保护区等禁止开发区域，具有重要水源涵养、生物多样性维护、水土保持、防风固沙等生态功能的重要区域，以及水土流失、土地沙化、盐渍化等生态环境敏感脆弱区域均被划入生态保护红线。目前，宁夏生态红线划定工作已走在全国前列。

（八）农村环境保护工程

宁夏积极推进农村环境综合整治，统筹实施农村饮用水水源地环境保护、生活垃圾和污水处理、种（养）殖业面源污染防治、生态创建等工程，建立农村环保长效机制，改善农村生态环境，建设美丽农村。截至 2017 年，宁夏已投资 4.1 亿元启动了 30 个小镇、100 个美丽乡村的建设，宁夏 52% 的乡镇和 50% 的规划村庄将达到美丽乡村建设标准；到 2020 年，全区所有乡镇、90% 的规划村庄将达到美丽乡村建设标准，成为田园美、村庄美、生活美、风尚美的美丽乡村。

三、宁夏生态文明重点工程建设的对策建议

（一）用生态文明观指导乡村振兴建设

党的十九大报告以"实施乡村振兴战略"统领关于"三农"工作的部署，这反映了中央对乡村价值的更加全面科学深刻的认识。乡村振兴是多维度的，不是单向度的，它不止是在经济建设层面要振兴，而是在农村社会、生态、文化建设等方面都要振兴。而生态文明在其中具有引领作用。乡村振兴亟待从生产方式到生活方式都进行一场绿色革命。以生态文明引领乡村振兴，是解决我国新时期社会基本矛盾的需要。优质生态产品供给不足，无法满足人民日益增长的对优美生态环境的需要。农村是生态产品供给的重要基地，农村的山水林田湖草对整个生态系统具有支撑和改善作用。只有在农村生态环境整治中取得突破性进展，才能满足城乡居民对绿水青山的渴望，留得住美丽乡愁。以生态文明引领乡村振兴战略，一个重要抓手是特色田园乡村建设。支持有条件的乡村建设以农民合作社为主要载体，让农民充分参与和受益，集循环农业、创意农业、农事体验于一体

的田园综合体，通过农业综合开发等渠道开展试点示范。田园综合体是一二三产产业链创新整合。这既是中央基于"三农"问题的重大政策创新，同时也赋予了农业综合开发的重要任务。

（二）加快沿黄生态经济带建设

宁夏回族自治区第十二次党代会明确作出了打造沿黄生态经济带的重大决策部署。举全区之力全力打造生态优先、绿色发展、产城融合、人水和谐的沿黄生态经济带。对宁夏沿黄生态经济带发展路径的探讨最核心问题，要做好顶层设计和规划，加强黄河沿线省区省际沟通协商与资源共享，共谋合作，最终实现生态与经济、人与自然和谐统一与协调发展。通过大力实施沿黄生态经济带发展战略，打造"沿黄生态经济带"，坚持以"在保护中发展，在发展中保护"为方针，把以生态文明为核心的美丽新宁夏建设摆在更加突出的位置，与经济建设、政治建设、文化建设、社会建设同步推进，走宁夏特色的绿色发展新路，最终实现生态与经济、人与自然和谐统一与协调发展，这具有十分重大的战略意义和现实意义。

（三）加大产业结构调整力度，构建绿色发展体系

绿色发展是构建高质量现代化经济体系的必然要求，是解决污染问题的根本之策。宁夏各地积极培育壮大节能环保产业、清洁生产产业、清洁能源产业，构建绿色制造体系，全面推动绿色发展。大力发展可持续农业、生态农业和循环农业，坚守基本农田耕地红线。推进新型工业化，以循环经济和清洁生产技术推动能源化工产业向精细化工方向发展，促进工业化和信息化深度融合。推动发展环保产业，鼓励企业提高废物的再利用、再制造和再循环，支持循环经济产业园和生态工业园发展。

（四）促进群众树立生态文明观

建设生态文明，观念要先行。要使生态文明观深入人心，在全体公民中强化我国人口多、人均资源少、环境形势严峻的国情意识；强化经济效益、社会效益、生态效益相统一的效益意识。党的十九大把坚持人与自然和谐共生作为新时代坚持和发展中国特色社会主义基本方略的重要内容，强调要牢固树立社会主义生态文明观，推动形成人与自然和谐发展现代化建设新格局。生态文明建设同每个人息息相关，每个人都应该是践行者、

推动者。优美生态环境为全社会共同享有，需要全社会共同建设、共同保护、共同治理。必须加强生态文明宣传教育，强化公民环境意识，推动形成节约适度、绿色低碳、文明健康的生活方式和消费模式，形成全社会共同参与的良好风尚，把建设美丽中国化为全体人民自觉行动。

生态兴则文明兴，生态衰则文明衰。习近平总书记强调，生态文明建设是中华民族永续发展的千年大计。生态环境是人类生存最为基础的条件，是持续发展最为重要的基石。无论从世界还是从中华民族的文明历史看，生态环境的变化直接影响文明的兴衰演替。必须坚持节约资源和保护环境的基本国策，像对待生命一样对待生态环境，坚定走生产发展、生活富裕、生态良好的文明发展道路，为中华民族永续发展留下根基，为子孙后代留下天蓝、地绿、水净的美好家园。

宁夏沿黄生态经济带转型发展研究

杨丽艳

打造沿黄生态经济带是宁夏回族自治区第十二次党代会作出的重大决策，在大力实施创新驱动战略和生态立区战略两大战略中都进行了重点安排部署。在资源环境的胁迫效应日益严峻的背景下，沿黄生态经济带发展模式转型已是大势所趋。

一、宁夏沿黄生态经济带发展模式的特征

（一）重化工主导

沿黄生态经济带的产业结构以工业为主体，而重化工业在工业体系中又明显处于主导地位。其中，煤炭开采、电力、钢铁、有色冶金、化工、建材等能源原材料工业产值占工业总产值的比重超过75%，产业结构重型化特征十分突出，这些以基础原材料工业为主的高耗能产业，是沿黄生态经济带工业污染的主要来源。从总体上看，沿黄生态经济带基础原材料工业和高耗能工业比重高，产品的质量和档次还比较低，未来发展面临较大的转型压力。

（二）工业园区环境治理滞后

工业园区已经成为沿黄生态经济带工业布局的主要载体。目前，自治

作者简介 杨丽艳，中共宁夏区委党校经济学教研部教授。

区重点工业园区基本上分布在沿黄生态经济带，重点布局了现代能源化工、现代纺织、装备制造、冶金、建材等工业，成为全区产业最为密集的区域。根据中央第二环境保护督察组向宁夏回族自治区反馈"回头看"及专项督察情况来看，全区 32 个工业园区中 21 个未按要求建设一般工业固体废物贮存、处置场，24 个未严格落实一园区一热源的环保治理要求，工业园区的环保治理进程缓慢。

(三) 城镇化速度与质量不同步

随着沿黄生态经济带发展战略的深入实施，宁夏的城镇化进程不断加快，2017 年城镇化率达到 57.98%，近 5 年宁夏的城镇化率年均提高 1.46 个百分点，高于全国平均水平。宁夏沿黄生态经济带集中了全区 64% 的人口、80% 的城镇和 82% 的城镇人口，作为宁夏城镇和城镇人口的主要聚集区域，城镇化率显著高于全区平均水平，尤其是银川市和石嘴山市的常住人口城镇化率已经超过 70%。与较快的城镇化速度相比，沿黄地区的城镇建设质量却没有得到明显提升。城镇空间扩张速度明显快于人口和产业集聚的需求。同时，沿黄城市群多数城市在建成区管网密度、环保设施配置、绿地覆盖等方面，与全国平均水平存在较大差距，普遍存在基础设施建设滞后的现象。

(四) 农业发展方式粗放

大量施用化肥依然是沿黄生态经济带种植业发展的主要手段，粮食生产对化肥的大量施用已形成严重依赖。据不完全统计，2017 年，沿黄城市群化肥使用强度超过 750 千克/公顷，明显高于国际公认的安全施用量的上限，是全国平均水平的 1.875 倍。与此同时，畜禽养殖区的整体生产经营水平比较低，畜禽养殖产生的大量的粪污没有得到有效处理，对农业生产和农村环境造成污染。农业秸秆的利用率低，部分农业秸秆没有得到利用而被焚烧，成为影响区域大气环境质量的重要因素之一。

(五) 资源环境效率低

随着工业化和城镇化的加快推进，沿黄城市群大量的生态环境资源被低效占用。据调查，沿黄城市群大多数城市单位工业用地产出明显低于全国平均水平，而单位 GDP 能耗却明显高于全国平均水平。与较低的资源利用效率相对应，沿黄城市群单位工业产值的废水排放率、单位工业产值 SO_2 排放率均高于全国平均水平，沿黄生态经济带生态环境面临严峻挑战。

二、传统发展模式引发的资源环境压力分析

沿黄生态经济带传统发展模式长期延续已导致日益严峻的生态环境胁迫效应，资源的高消耗和污染物的高排放已对沿黄生态经济区水环境、大气环境、土壤环境造成严重冲击，城市群地区人居环境安全、粮食生产安全、生态安全等受到严重威胁。

（一）人居环境安全受到威胁

沿黄生态经济带是全区重要的工业化地区，城市工业发展较早，一部分老工业企业距离城区比较近，城市居民区与部分工业区混杂，城市环境治理难度较大。部分地市水污染治理明显滞后，其中银川市银新干沟、第四排水沟和西大沟仍为黑臭水体。随着城市扩张带来的城市人口的增多，城市机动车数量的增加，一些城市大气污染比较严重。随着工业化、城镇化进程的加快，沿黄各市区土地资源开始紧缺，城市中心区人口密度持续升高，居住用地比例偏高，公共设施用地缺乏，城市公共服务功能不足的问题已经不同程度地开始显现。

（二）粮食生产安全隐患凸显

随着工业化、城市化的快速推进，沿黄生态经济带地区面临农田面积减少、农田质量降低的双重困境，区域粮食生产安全已受到一定程度的影响。沿黄各地区的化肥和农药施用量也高于全国平均水平。沿黄地区粮食生产对农药化肥的过度依赖已在一定程度上影响了农田的质量，土壤酸化板结、农田地力下降形势值得关注。

（三）生态环境情况不容乐观

沿黄生态经济带呈现工程型、水质型缺水状况。目前，沿黄地区当地的水资源可利用量基本用完，主要依靠引用黄河水，由于水利设施建设标准比较低、老化失修，以及长期传统灌溉方式等因素的综合影响，水资源存在一定程度的浪费现象，沿黄生态经济带 4 市中银川市和石嘴山市是全

国 130 多个严重缺水的城市之一。重化工的产业结构又给区域水环境质量带来严峻挑战，工业园区废水污染问题仍较突出。

三、宁夏沿黄生态经济带转型发展的思路

综合考虑宁夏沿黄生态经济带在全区经济带建设和生态安全格局中的重要地位，其发展模式转型应按照"保红线、严标准、调结构、提效率、控风险"的总体思路，改善人居环境安全，确保粮食生产安全，维护流域生态安全，促进经济社会与生态环境协调可持续发展。

（一）坚持三个统筹

统筹推进城乡生态建设。实施点线面结合的城乡生态建设工程，重点强化城镇和乡村绿化美化，不断提高森林覆盖率，构建宜居城镇和美丽乡村协调共生的新格局。

统筹推进工农业污染治理。切实调整"城乡分治、城市中心"的治理模式，增加农村环境综合整治投入力度，形成城乡环保全面推进、工农业污染防治并重的新格局。

统筹推进"三生"空间建设。深入落实国家主体功能区划和自治区空间规划的要求，严格控制生产空间，调整优化生活空间，适度拓展生态空间，形成生产空间集约高效、生活空间安全可靠、生态空间保障有力的新格局。

（二）坚持三个优先

优先改善环境质量。积极开展二氧化硫、氮氧化物、颗粒物、挥发性有机物、氨的协同控制，有效控制大气污染；积极推进城镇污水处理厂配套管网建设，加快推进工业园区污染集中处理设施建设，全面提升水污染源控制水平。

优先保障耕地资源。完善耕地保护制度，严格管控优质耕地，严格执行耕地占补平衡政策规定，保证沿黄地区耕地数量不下降；加大耕地保护、高标准粮田建设、耕地质量保护与提升、耕地土壤污染防治等方面的投入，推进化肥农药科学控量施用，对受污染较严重的耕地实行集中修复，不断提高耕地质量。

优先推进水生态修复。以促进河湖生态健康为核心，开展河湖综合整治，构建上下游水联动、地表水治理与地下水保护统一联动的水环境修复体系。

（三）坚持三个提升

提升区域发展质量。加快推进经济结构调整，进一步提高服务业对区域经济发展的支撑作用，逐步降低区域发展对重化工业的依赖；加快发展装备制造业和战略性新兴产业，促进工业结构升级，逐步降低资源型产业比重；大力调整农业结构，积极发展绿色有机农业和精准农业，促进传统农业向生态农业转型。

提升资源环境效率。加强水资源利用红线管理和用水效率控制红线管理，严格控制区域用水总量，加快建立健全节约用水体制机制；集约利用土地资源，通过立体开发、紧凑布局等方式，提高建设用地利用效率；以当前国内领先水平或清洁生产一级水平为标杆，加快传统产业的"绿色化"技术改造，大幅度降低生产过程污染物排放。

提升环境管理能力。强化"源头严防"，制定沿黄城市群环境保护负面清单，将重点淘汰类、高耗能、高耗水、重污染行业列入负面清单，设立区域性禁止、限制准入门槛；强化"过程严管"，建立严格监管所有污染物排放的环境监管和行政执法制度，探索环保部门和公安部门联合执法的联动机制；强化"后果严惩"，加大环境执法力量的整合力度，强化环境执法权威，依法严惩环境违法行为。

四、宁夏沿黄生态经济带转型发展的路径选择

立足沿黄生态经济带资源禀赋、区位条件和发展基础，结合国家实现高质量背景下发展模式转型的总体要求，宁夏沿黄生态经济带新型发展模式的构建应从以下几个方面进行探索。

（一）推进绿色循环为核心的新型工业化

强化资源节约集约利用。控制新增建设用地规模，从严控制工业用地增量，严格执行工业项目建设用地控制指标，挖掘存量工业用地潜力，整合一批市、县（区）产业集聚功能不强、没有发展前景的工业园区。严格

控制高耗水行业的发展规模，加大工业节水力度。

促进工业园区转型和生态化改造。规范空间开发秩序，把产业集聚区建设作为沿黄生态经济带建设的综合性、全局性举措，加快资源型企业集聚升级，推进资源集约利用、企业集中布局、产业集群发展、功能集合构建。强化园区分类指导，着力建设一批具有产业链关联效率的特色专业园区。将国家级开发区、自治区重点开发区作为产业发展的主要载体，严格控制市、县级园区无序发展与布局，推进市、县级园区工业企业搬迁改造和园区整合。

优化工业结构。优先发展高端劳动密集型产业，围绕互联网、大数据、现代纺织等领域，引进具有较高技术含量的劳动密集型产业。壮大优势装备制造业，重点发展技术密集、关联度高、带动性强的现代装备制造业。加快培育战略新兴产业，重点发展新能源、新材料、节能环保等产业，打造国内重要的能源化工基地、西部地区重要的新材料产业基地。沿黄生态经济带应依托高校院所的人才资源，加快发展物联网、云计算、生物医药、新能源装备等产业，建设一批在西部地区具有一定影响力的战略性新兴产业基地。

（二）推进高效生态为主导的农业现代化

加快发展生态农业。总结沿黄地区传统农业发展的有效经验，通过人工设计生态工程，推进大田种植与林、牧、副、渔业结合，形成生态上与经济上两个良性循环。促进生态型农业与养殖业的有机结合，提升奶牛、肉羊等农畜产品的养殖质量，推进畜禽标准化规模养殖场建设，建设西部地区优质安全畜禽产品生产基地。

探索发展精准农业。依托现代科学技术，率先建立田间数据搜集和处理系统，大力推进农业信息化。全面应用现代田间管理手段，推行测土配方施肥。广泛应用作物动态监控技术，定时定量供给水分，应用滴灌、微灌等新型灌溉技术，推广精细播种、精细收获技术，将精细种子工程与精细播种技术有机地结合起来，全面降低农业消耗。

（三）推进宜居低碳为主导的新型城镇化

推进宜居低碳城市建设。加快绿色低碳城镇建设，依托沿黄生态经济带的独特水资源优势，体现尊重自然、顺应自然、天人合一的理念，让城市融入自然。推动节地、节能、节水、节材和资源综合利用，将资源节约和高效利用纳入城市总体规划。规划实施绿色办公、绿色出行、绿色社区建设示范工程，加快推进绿色创建。强化城市生态景观建设，合理布局城市绿色廊道，改善人居环境。

有序推进人的城镇化。根据区域资源环境承载能力，引导各地制定城镇化战略目标。严格控制土地城镇化的速度和规模，重点控制粮食核心主产区城市建设用地总量。规范新城新区开发建设，划定用地红线，控制区域大中小城市边界扩张。以促进人的融入为导向，以农业转移人口市民化为突破口，加快推进机制体制创新，进一步提升沿黄生态经济区城镇化质量。扩大城镇基本公共服务提供范围，切实解决农村转移人口享有城镇基本公共服务的问题。

强化城市生活污染治理。支持新建、改造城市垃圾和污水处理厂（站），配置脱氮除磷设施，提升污染物处理能力和水平；加强雨污分流排水管网体系、再生水回用网络、餐厨废弃物资源化、固体废物和再生资源利用、废弃物和污泥资源化利用等城市生态工程建设。

（四）规范国土空间开发秩序

推进"三生"空间协调发展。要严格按照宁夏空间规划（多规合一）提出的"一主两副"空间格局的新要求，按照生产空间集约高效、生活空间宜居适度、生态空间山清水秀的原则，科学规划沿黄生态经济带空间发展布局，尽快制定出台沿黄四市城市发展总体规划、重点片区控制性详细规划，以及与之相关的生态环境、综合交通、市政设施、公共服务等专项规划，努力形成一整套科学完备的城市规划体系。

坚持主体功能区的基底作用。按照资源环境承载力、国土开发强度、发展方向以及人口集聚和城乡建设的适宜程度，对于以银川、吴忠、石嘴山和中卫4个市城区所在的重点开发区要强化产业和人口集聚能力，要率先转变空间开发模式，适度扩大产业和城镇空间，严格控制新增建设用地规模和开发强度，严格保护绿色生态空间。对于以平罗、贺兰、永宁、灵武、青铜峡和中宁所在的限制开发的农业区要严格控制新增建设用地规模，实施城镇点状集聚开发，加强水资源保护、生态修复与建设，维护生态系统结构和功能稳定。

推动产城融合联动。对于以传统资源产业为主体的产业集聚区，对产城融合的模式要严格限制，强化此类产业集聚区周边地区的空间管制，按照国家相关要求设立生态隔离带，严格控制传统资源型产业集聚区对周边农田、居民区和生态功能区的影响，确保生产空间与生活空间互不侵扰、和谐共生。鼓励环境友好型产业与城镇融合发展，实现生产空间与生活空间的协调统一。对于以装备制造业及相对高端产业为主的产业集聚区，在留足空间、确保安全的前提下，可以适度推进产城融合。

（五）加强生态环境战略性保护

大幅提高环境保护投入。建立政府财政、金融贷款、社会投资相结合的多主体、多渠道环保投入机制，确保沿黄生态经济带环保投入稳步增长。参照发达国家环境治理投入标准，建议将沿黄生态经济带环境治理投入占GDP比重提高到2%以上，通过增加投入推进生态环境修复进程。

强化全方位污染防治。将二氧化硫、氮氧化物、颗粒物、挥发性有机物、氨等一次污染物作为主要协同控制对象，实施区域多种大气污染物协同控制策略。加强对污染严重地区及地下水污染严重区域的修复治理力度，组织建设农业面源污染控制示范工程。继续提高城镇生活废水的处理水平，提高处理力度。提升重点行业的工业环境效率。通过淘汰落后产能、严格限制产业链前端和价值链低端产能扩张、提高能源环境绩效门槛、区域限批限产等手段，提高工业环境效率。

宁夏生态脆弱贫困区生态文明建设模式研究

卜晓燕　董锁成　王　慧

宁夏生态脆弱贫困区位于我国北方农牧交错带上，地貌类型复杂多样，生态极为脆弱，也是我国传统贫困区，以生态文明建设为突破口，推进宁夏生态脆弱贫困区经济发展和生态文明建设取得双赢。

一、宁夏生态脆弱贫困区分布及社会经济特征

宁夏生态脆弱贫困区行政范围包括固原市全部（原州区、西吉县、隆德县、泾源县、彭阳县）和吴忠市的同心县、盐池县以及中卫市的海原县，总面积 30456 平方千米，占宁夏总面积的 58.9%。2017 年该区域总人口 210.66 万，占宁夏人口总数的 31.21%；地区生产总值共计 415.67 亿元，其中第一、第二、第三产业总值分别占地区生产总值的 18.64%、34.14%、47.22%。农业及生态旅游产业在宁夏生态脆弱贫困区经济发展中处于重要地位。农业基础薄弱，农业格局仍以粮食作物为主，粮食播种面积占耕地总面积的比重大，但优质粮食作物在粮食作物中的比重低。此外，粮食作物的产出水平也较低。

作者简介　卜晓燕，宁夏职业技术学院讲师、中国科学院地理科学与资源研究所博士后；董锁成，中国科学院地理科学与资源研究所博士生导师、研究员；王慧，宁夏财经职业技术学院讲师。

二、宁夏生态脆弱贫困区生态文明建设面临的问题

(一) 生态屏障协调与发展难度大

生态脆弱是导致贫困的主要原因，但贫困反过来又会使生态脆弱进一步加剧。宁夏生态脆弱贫困区属于温带半干旱区和半湿润区，降水年际变化大，是典型的黄土地貌，梁峁皆具，山高岭峻，沟壑纵横，水土流失严重，干旱频发，再加上水资源缺乏以及植被稀疏、不合理的人类活动，生态环境极易受到破坏，并且局部还有环境污染，生态环境一旦遭到破坏，短时间内难以恢复。但随着人口数量的不断增长和对食物需求的不断增高，人们又不得不依赖开垦更多土地的办法来满足对食物的需求，这种生产方式对资源的利用层次过于单薄，集约化程度低，单位面积所能供养的人口也很少。但这种在食物问题压力之下造成的对生态环境的破坏是相当大的。此外，贫困地区人们采用的耕作手段相对来说也比较原始，这就进一步加剧了贫困与环境破坏之间的恶性循环。

(二) 生态脆弱：生存条件相对滞后

自然地理环境作为人类生存发展的基本条件，对贫困产生起着决定性的作用。第一，由于不利的地理位置、脆弱的生态环境、贫瘠的土地及其他自然资源的严重不足，造成这些地区劳动生产率低下，基础设施建设滞后，当地居民生活极其困难，使这些地区经济发展缓慢而引发贫困。第二，由于受传统观念的影响，对牧草植被涵养水源、防止沙化等功能认识不足，生态环境局部治理、总体恶化的局面还未从根本上得到改善。第三，乱开乱垦、滥挖滥采、超载放牧、偷牧等非理性开发得不到有效遏制，导致草原大面积退化，植被严重破坏，质量下降，功能减弱，承载能力大大降低，粮草畜矛盾日益突出，沙尘暴灾害频繁发生，加之管理机制不到位，边治理、边破坏现象仍有发生，草原退化状态没从根本得到改变，导致生态环境恶化，不仅影响了中部干旱带生态移民区乃至宁夏经济的可持续发展，也增加了该地区农民群众脱贫致富和扶贫攻坚工作的难度。第四，水资源利用率低，制约该区域的经济发展。水资源严重缺乏，导致造林种草、植被恢复的难度越来越大、成本越来越高，缺水问题仍是农业生态建设和现

代农业发展面临的最大难题。同时，受科技文化观念落后和水利基础设施薄弱的影响，对有限的自然降水积蓄率和利用率不高，加之扬黄、库井灌区灌溉方式和用水技术落后，大部分地区还沿袭着大水漫灌的传统做法，水资源利用效率低下。

（三）经济贫困，脱贫攻坚任务艰巨

党的十八大以来，以习近平同志为核心的党中央将脱贫工作纳入党的执政目标。近年来，宁夏回族自治区党委、政府高度重视脱贫攻坚工作，投入了大量的物力、财力。但是，宁夏生态脆弱贫困区贫困面积大、人口多，贫困度深，脱贫攻坚的任务十分艰巨。2017 年年底，固原市全市有2.7 万户、9.55 万贫困人口和 85 个贫困村，分别占全区 23.9 万贫困人口的40% 和 251 个贫困村的 34%，贫困发生率为 8.4%；海原县有 12.27 万贫困人口，占人口总数的 30.7%。因此，全力培育脱贫致富的主导产业，扶持发展马铃薯、苗木、中药材和肉牛等地方特色优势产业，实现产业扶贫，是该区域经济脱贫的重要工作。

（四）要素短缺：资本、人才、科技等要素严重不足

要素短缺，是宁夏生态脆弱贫困区经济落后的一个重要原因。它一方面造成了对自然资源无偿占有、掠夺开发和环境破坏的恶果；另一方面，会造成资源价格体系不合理，以低价输出资源为主，一些地方出现了输出越多自身价值流失越多的局面。

三、宁夏生态脆弱贫困区生态文明建设模式

宁夏生态脆弱贫困区内部地理环境复杂多样，但具有丰富的特色农作物资源。其中黄土丘陵沟壑区非常适宜马铃薯、小杂粮等特色作物的种植；六盘山外围土石山区降雨相对较多，优质苗木、花卉及黄芪、党参、甘草等药物资源丰富；河谷川道生态经济区拥有良好的设施蔬菜等经济作物发展条件；北部干旱区日照时间长，非常适宜枸杞、硒砂瓜、红枣等特色经济作物以及甘草等中草药的种植。且该区域结合当地生态环境特点，形成了独具特色的农业生产模式。

（一）中部干旱带——节水型现代农业模式

宁夏中部干旱带，多为干草原和荒漠草原，终年干旱少雨，自然灾害多，昼夜温差大，光热资源丰富，适宜瓜果、耐旱林草的生长，既是发展特色农牧业的理想区域，也是宁夏发展现代农业最大的难点地区，这一难题的核心问题是水。因此，宁夏中部地区在抗旱节水上下功夫，选择节约型现代农业发展模式，大力发展避灾农业和节水农业。

（二）南部山区——循环型生态农业模式

宁夏南部山区处于我国北方的生态脆弱带，农业生产条件十分恶劣，素有"苦瘠甲天下"之称。因此，宁南山区将生态建设与特色农业开发结合起来，大力发展马铃薯、牛羊肉、畜草、中草药、苗圃等特色农业；要以沼气建设为载体，以生态家园建设为主线，积极发展养殖、沼气、种植"三位一体"的高效循环型生态农业；通过水源涵养林、退耕还林等项目的配套实施，加快构建"大六盘生态经济圈"生态支撑体系，以实现人口与土地、农业生产与生态环境的和谐发展。

四、宁夏生态脆弱贫困区生态文明建设重点任务

（一）加快形成宁夏生态屏障保护制度体系

宁夏生态脆弱贫困区自然环境脆弱，经济发展落后。国家对该区域的生态环境保护工作十分重视。但是，该区域在生态文明建设中存在生态屏障保护制度体系不完善和监察力度不足等问题。因此，对于该区域的生态文明建设，一方面要不断建立健全生态屏障保护制度体系，另一方面应加强监管，落实现有生态补偿制度，防止出现污染物偷排、废弃物乱扔等现象。同时，针对行政区和生态区在空间上的跨界协调问题，既要加强区域之间的沟通和协作，又要因地制宜，形成一套行之有效的生态环境保护措施、污染认定标准和处罚手段。

（二）强化生态修复促进生态资产正增长

20世纪80年代宁夏开始实施的生态移民工程，将宁夏生态脆弱贫困区环境恶劣的贫困县的农民搬迁到环境较好的中北部川区，累计搬迁移民66万人，占到了宁夏全部人口的10%左右，帮助了生态移民的脱贫致富，

也缓解了该区域人与自然矛盾冲突的问题。2000年，宁夏开展试点退耕还林工程，十几年间，宁夏全境共完成退耕还林1305.5万亩；2003年，宁夏开始实行全境禁牧封育工程，使全区封育区的林草覆盖率从30%增加到50%。宁夏还根据国家批准的《宁夏天然林资源保护工程实施方案》，对该区域实施了天然林资源保护工程，并将该区域列为天然林资源保护工程建设的范围，使得该区域森林资源得到了保护和发展。因此，应进一步实施生态移民和退耕还林还草工程，保护生态环境保护的成果，以实现生态修复，促进该区域生态资产正增长。

（三）建立绿色低碳循环产业体系

建立绿色低碳循环产业体系，是加快宁夏生态脆弱贫困区农业结构战略性调整的重要途径。要立足当地的农业资源优势，大力发展特色农产品加工业和畜产品加工业，以及贮藏、运销等服务业，延长农业产业链，增加农产品的附加值；加快培育加工企业、批发市场、中介组织等多种形式的农业产业化龙头企业，形成一批按现代企业制度运营、带动农户能力强的龙头企业；积极探索龙头企业与农户利益联结机制的有效实现形式，建立稳定的购销关系。通过加强龙头企业的带动能力，推进农业产业化的健康发展，逐步建成面向全国和国际市场的特色农产品和畜产品基地。牧区畜牧业的发展要做到草畜平衡，实行舍养与放牧相结合，建设基本草场，实行划区轮牧；农区畜牧业的发展要充分利用农区丰富的秸秆资源，发展秸秆养牛、养羊，提高畜牧业经济效益。

（四）积极探索生态脱贫制度体系

宁夏各部门领导对精准扶贫和生态文明建设高度关注，在发展扶贫产业、实施民生工程、落实环境保护等方面都加入了生态文明的相关理念。但在实际工作中，生态文明建设与精准扶贫的相互作用依旧存在着体制不完备、运行效率低下，工作制度不完善、部分工作人员存在只注重结果不关注过程的现象，考核制度不全面、无行之有效的考核扶贫结果，监督机制有效性较差、群众反馈渠道较单一等问题，限制着生态文明建设与精准扶贫互动的落实和发展。因此，积极探索生态脱贫制度体系，不断建立和完善宁夏生态贫困脆弱区生态脱贫制度体系，既是全面实现小康社会的必然选择，也是全面建设美丽新宁夏的历史选择。因此，探索并建立政府主导、企业主体、公众广泛参与的生态环境管理制度，加强公众环境意识和法律意识的培养和教育，提高公众参与生态环境保护和监督的自觉性与主动性，为全民参与美丽新宁夏建设奠定基础。

(五) 以新型城镇化推进基础设施和公共服务设施建设

1. 构建长期稳定的绿色城镇发展战略

绿色城镇化是在推动地区城镇化合理发展的同时，进行环境保护、环境整治，发展与区域生态环境和谐友好的生态社会经济，以达到区域社会、经济、生态的共同持续发展。针对宁夏生态脆弱贫困地区社会经济、城镇化发展的要求和生态脆弱的矛盾，遵循生态社会经济系统协同发展的原则，构建以水土资源、生态环境承载力和水土保持与资源高效合理利用为前提，以改良脆弱生态环境，推动区域社会经济、城镇化可持续发展为目标，以政府激励与约束机制的制度条件为先导，追求生态环境与地区社会经济、城镇和谐共进，良性循环的长期稳定的绿色城镇发展战略，以实现宁夏人类活动与生态环境的双赢。

2. 探索符合区情的绿色城镇化路径

2014年，宁夏回族自治区人民政府印发《宁夏回族自治区主体功能区规划》，在四类主体功能区划分的基础上，从宁夏建成全面小康社会全局和新型工业化、信息化、城镇化和农业现代化的战略需要出发，遵循不同国土空间的自然属性，提出构建"一带一区"为主体的城镇化战略格局、"三区五带"为主体的农业战略格局和"两屏两带"为主体的生态安全战略格局的战略任务，以实现优化空间结构、提高空间利用效率、增强区域发展协调性和增强可持续发展能力的战略目标。宁夏生态脆弱贫困区绿色城镇化发展必须以宁夏总体发展战略为前提，结合宁夏生态环境各要素特征，以生态功能区划为依据，因地制宜，实施分类、分区的城镇化模式，建立城镇化发展的层次体系，协调好人口与资源、环境的关系。同时，以吴忠、中卫为核心，以生态保护为原则，科学规划宁夏中部地区城镇体系，实现生态与社会经济协调发展，促进该地区真正实现生态城镇化。

（六）补齐要素短板，盘活生态资产

环境、资本、人才、科技是限制宁夏生态脆弱贫困区经济建设的主要要素短板，特别是政策环境，包括招商引资政策、人才政策、科技政策、土地政策、财税政策等能够吸引和激励人才留用的政策。因此，坚持问题导向，注重高层次人才的引进与培养工作，是该区域经济发展的前提条件。因为，创新人才是解决技术问题的关键，有了人才和技术，就会有人愿意投资，资本问题也就随之而解。因此，保护生态环境，创新人才引进和培养政策，补齐要素短板，是该区域经济发展的关键。

领域篇
LINGYUPIAN

宁夏生态环境质量状况评价

刘志鹏

生态环境状况是指生态环境的优劣程度，反映生态环境对人类生存及社会经济持续发展的适宜程度，是根据人类的具体要求对生态环境的性质及变化状态的结果进行评定。

一、生态环境状况指标评价体系及其计算方法

（一）生态环境状况评价指标体系

生态环境状况评价利用一个综合指数（生态环境状况指数，EI）反映区域生态环境的整体状态。指标体系包括生物丰度指数、植被覆盖指数、水网密度指数、土地胁迫指数、污染负荷指数 5 个分指数和 1 个环境限制指数。5 个分指数分别反映被评价区域内生物的丰贫、植被盖度的高低、水的丰富程度、遭受的胁迫强度、承载的污染物压力。环境限制指数是约束性指标，指根据区域内出现的严重影响人民生产生活安全的生态破坏和环境污染事件对生态环境状况进行限制和调节。

（二）数据资料来源

本文各指数计算所采用的土地利用数据基于高分辨率遥感影像（GF1、GF2、ZY03 等）的矢量化数据；生物多样性数据来源于 2011 年宁夏生物多

作者简介　刘志鹏，宁夏环境监测中心站生态室工程师。

样性评估报告；污染物排放量数据通过宁夏环境统计年报获得；水土流失数据通过国土部门获得；水资源量和降水量数据是通过宁夏水资源公报和气象部门获得。

（三）生态环境状况评价方法

1. 评价指标及权重

生态环境状况指数各分指数的权重见表1。

表1　各项评价指标权重

指标	生物丰度指数	植被覆盖指数	水网密度指数	土地胁迫指数	污染负荷指数	环境限制指数
权重	0.35	0.25	0.15	0.15	0.10	约束性指标

2. 生态环境状况计算方法

生态环境状况指数（EI）=0.35×生物丰度指数+0.25×植被覆盖指数+0.15×水网密度指数+0.15×（100−土地胁迫指数）+0.10×（100−污染负荷指数）+环境限制指数

（1）生物丰度指数=（BI+HQ）/2。

式中：BI为生物多样性指数，评价方法执行区域生物多样性评价标准（HJ623−2011）；HQ为生境质量指数；当生物多样性指数没有动态更新数据时，生物丰度指数变化等于生境质量指数的变化。

生境质量指数=Abio×（0.35×林地+0.21×草地+0.28×水域湿地+0.11×耕地+0.04×建设用地+0.01×未利用地）/区域面积

式中：Abio为生境质量指数的归一化系数，参考值为511.2642131067。

（2）植被覆盖指数=NDVI区域均值=Aveg×$\left(\dfrac{\sum_{i=1}^{n}P_i}{n}\right)$。

式中：Pi为5—9月象元NDVI月最大值的均值，采用MODIS的NDVI数据，空间分辨率250米。n为区域象元数；Aveg为植被覆盖指数的归一化系数，参考值为0.0121165124。

（3）水网密度指数=［Ariv×河流长度/区域面积+Alak×水域面积（湖泊、水库、河渠和近海）/区域面积+Ares×水资源量/区域面积］/3。

式中：Ariv为河流长度的归一化系数，参考值84.3704083981；Alak为水域面积的归一化系数，参考值为 591.7908642005；Ares 为水资源量的归一化系数，参考值为 86.3869548281。

（4）土地胁迫指数=Aero×（0.4×重度侵蚀面积+0.2×中度侵蚀面积+0.2×建设用地面积+0.2×其他土地胁迫）/区域面积。

（5）污染负荷指数=0.20×ACOD×COD 排放量/区域年降水总量+0.20×ANH_3×氨氮排放量/区域年降水总量+0.20×ASO_2×SO_2 排放量/区域面积+0.10×AYFC×烟（粉）尘排放量/区域面积+ 0.20×ANO_x×氮氧化物排放量/区域面积+0.10×ASOL×固体废物丢弃量/区域面积。

式中：ACOD 为 COD 的归一化系数，参考值为 4.3937397289；ANH_3 为氨氮的归一化系数，参考值为 40.1764754986；ASO_2–SO_2 的归一化系数，参考值为 0.0648660287；AYFC 为烟（粉）尘的归一化系数，参考值为 4.0904459321；ANO_x 为氮氧化物的归一化系数，参考值为 0.5103049278；ASOL 为固体废物的归一化系数，参考值为 0.0749894283。

（6）环境限制指数：环境限制指数是生态环境状况的约束性指标，指根据区域内出现的严重影响人居生产生活安全的生态破坏和环境污染事项，如重大生态破坏、环境污染和突发环境事件等，对生态环境状况类型进行限制和调节，约束内容见表 2。

3. 生态环境状况分级

根据生态环境状况指数，将生态环境分为 5 级，即优、良、一般、较差和差，分级见表 3。

4. 生态环境状况变化分析

根据生态环境状况指数与基准值的变化情况，将生态环境质量变化幅度分为 4 级，即无明显变化、略有变化（好或差）、明显变化（好或差）和显著变化（好或差），变化度分级见表 4。

如果生态环境状况指数呈现波动变化的特征，则该区域生态环境敏感，根据生态环境质量波动变化幅度，将生态环境变化状况分为稳定、波动、较大波动和剧烈波动，见表 5。

表2 环境限制指数约束内容

分类		判断依据	约束内容
突发环境事件	特大环境事件	按照《突发环境事件应急预案》，区域发生人为因素引发的特大、重大、较大或一般等级的突发环境事件，若评价区域发生一次以上突发环境事件，则以最严重等级为准。	生态环境不能为"优"和"良"，且生态环境质量级别降1级。
	重大环境事件		
	较大环境事件		生态环境级别降1级。
	一般环境事件		
生态破坏环境污染	环境污染	存在环境保护主管部门通报的或国家媒体报道的环境污染或生态破坏事件(包括公开的环境质量报告中的超标区域)。	存在国家环境保护部通报的环境污染或生态破坏事件，生态环境不能为"优"和"良"，且生态环境级别降1级；其他类型的环境污染或生态破坏事件，生态环境级别降1级。
	生态破坏		
	生态环境违法案件	存在环境保护主管部门通报或挂牌督办的生态环境违法案件。	生态环境级别降1级。
	被纳入区域限批范围	被环境保护主管部门纳入区域限批的区域	生态环境级别降1级。

表3 生态环境状况分级

级别	优	良	一般	较差	差
指数	EI≥75	55≤EI<75	35≤EI<55	20≤EI<35	EI<20
状况	植被覆盖度好，生物多样性好，生态系统稳定，最适合人类生存。	植被覆盖度较好，生物多样性较好，适合人类生存。	植被覆盖度中等水平，生物多样性一般水平，较适合人类生存，但偶尔有不适合人类生存的制约性因子出现。	植被覆盖度较差，严重干旱少雨，物种较少，存在明显制约人类生存的因素。	条件较恶劣，多属于戈壁、沙漠、盐碱地、秃山或高寒山区，人类生存环境恶劣。

表4 生态环境状况变化度分级

级别	无明显变化	略微变化	明显变化	显著变化
变化值	|ΔEI|<1	1≤|ΔEI|<3	3≤|ΔEI|<8	|ΔEI|≥8
描述	生态环境质量无明显变化。	如果1≤ΔEI<3，则生态环境状况略微变好；如果-1≥ΔEI>-3，则生态环境状况略微变差。	如果3≤ΔEI<8，则生态环境状况明显变好；如果-3≥ΔEI>-8，则生态环境状况明显变差。如果生态环境状况类型发生改变，则生态环境状况明显变化。	如果ΔEI≥8，则生态环境状况显著变好；如果ΔEI≤-8，则生态环境状况显著变差。

表5　生态环境状况波动变化分级

级别	稳定	波动	较大波动	剧烈波动
变化值	|ΔEI|<1	1≤|ΔEI|<3	3≤|ΔEI|<8	|ΔEI|≥8
描述	生态环境质量状况稳定。	如果|ΔEI|≥1，并且ΔEI 在-3 和 3 之间波动变化，则生态环境状况呈现波动特征。	如果|ΔEI|≥3，并且在-8 和 8 之间波动变化，则生态环境状况呈现较大波动特征。	如果|ΔEI|≥8，并且ΔEI 变化呈现正负波动特征，则生态环境状况剧烈波动。

二、生态环境状况结果分析

（一）全区生态环境状况分析

1. 全区生态环境状况计算结果

2017 年，宁夏生态环境状况指数（EI）值为 46.28，生态环境状况级别为"一般"（35≤EI<55）。评价表明：全区"植被覆盖度中等，生物多样性处一般水平，较适合人类生存，但有不适合人类生存的制约性因子出现"。

2. 全区年际间生态环境状况变化

与 2016 年相比，2017 年全区生态环境状况指数（EI）值由 46.13 上升到 46.28，EI 指数上升了 0.15。从变化度分级来看，全区生态环境状况两年间无明显变化，生态环境质量状况稳定。生态环境状况各分项指标中，植被覆盖指数、水网密度指数、土地胁迫指数略有上升，生物丰度指数、污染负荷指数略有下降。生态环境状况指标变化情况见表 6。

表6　全区生态环境状况指标变化情况

年份＼指标	生物丰度指数	植被覆盖指数	水网密度指数	土地胁迫指数	污染负荷指数	生态环境状况指数	生态环境状况分级
2016 年	34.03	42.30	9.74	17.42	2.04	46.13*	一般
2017 年	33.98	42.87	9.80	17.55	1.72	46.28	一般
2017—2016 年变化值	-0.05	0.57	0.07	0.13	-0.32	0.15	—

说明：因中国环境监测总站对 2016 年的生态遥感监测数据做了重新修订，本文 2016 年的生态环境状况指数与 2016 年宁夏环境质量报告书的数据有变化，以本次的数据为准。

（二）地级市生态环境状况分析

1. 地级市生态环境状况计算结果

2017 年，宁夏银川市、石嘴山市、吴忠市、固原市、中卫市的生态环境状况指数（EI）值分别为 47.27、44.22、42.54、54.22、42.52，按照生态环境状况分级评价，生态环境状况均为"一般"。其中银川市、固原市生态环境状况指数高于全区水平（46.28）。

2. 地级市年际间生态环境状况变化

与 2016 年相比，2017 年宁夏 5 地级市的生态环境状况指数变化值（△EI）在 -0.53—0.57 之间。其中银川市、石嘴山市、吴忠市生态环境状况指数下降，分指标中的植被覆盖指数的降低，呈负相关性的土地胁迫和污染负荷指数的上升是 3 市指数下降的主要原因。

从变化度分级看，5 地级市的生态环境状况指数变化值（|△EI|）小于 1，生态环境质量无明显变化（见表 7）。

表 7　各地级市生态环境状况指数及分级

年份＼指标		生物丰度指数	植被覆盖指数	水网密度指数	土地胁迫指数	污染负荷指数	生态环境状况指数	2017—2016年变化值（ΔEI）
银川市	2017 年	36.43	43.36	11.21	21.65	2.59	46.76	−0.53
	2016 年	36.55	45.38	11.32	21.37	3.39	47.29	
石嘴山市	2017 年	28.42	42.93	16.41	18.01	8.92	44.55	−0.03
	2016 年	28.46	41.63	16.08	17.86	8.20	44.28	
吴忠市	2017 年	27.33	35.96	10.36	16.96	0.72	42.49	−0.10
	2016 年	27.39	36.14	10.37	16.79	0.66	42.59	
固原市	2017 年	41.98	62.26	7.87	11.75	0.38	54.64	0.50
	2016 年	41.99	60.60	7.49	11.73	0.68	54.14	
中卫市	2017 年	31.48	35.83	7.89	20.34	1.32	42.98	0.57
	2016 年	31.52	34.01	7.96	20.79	1.94	42.41	

（三）各县（市、区）生态环境状况分析

1. 县（市、区）生态环境状况计算结果

2017 年，宁夏 22 个县（市、区）的生态环境状况指数介于 40.78—67.91 之间，其中生态状况指数最高的泾源县为 67.91，其次隆德县为 57.65，中宁县最低为 40.78。泾源县和隆德县的生态环境状况级别为

"良"，占全区国土总面积的 4.1%；其余的 20 个县（市、区）生态环境状况均为"一般"级别，占全区国土总面积的 95.9%。

11 个县域的生态环境状况指数高于全区平均水平（46.28），依次为泾源县、隆德县、原州区、彭阳县、西夏区、西吉县、平罗县、兴庆区、金凤区、永宁县，另 11 个县域的生态环境状况指数低于全区平均水平，依次为红寺堡区、青铜峡市、利通区、海原县、同心县、沙坡头区、盐池县、惠农区、灵武市、大武口区、中宁县。宁夏各县（市、区）生态环境状况指数排序见图 1。

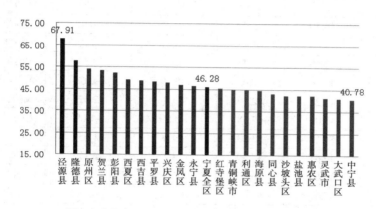

图 1　宁夏各县（市、区）生态环境状况指数图

2. 年际间生态环境状况变化

与 2016 年相比较，2017 年宁夏全区 22 个县（市、区）的生态环境状况指数变化值（△EI）在 −0.91—1.14 之间，其中西夏区、金凤区、贺兰县、大武口区、惠农区、红寺堡区、同心县、原州区、西吉县、隆德县、泾源县、中宁县和海原县 13 个县的 EI 值上升，占全区国土总面积的 52.43%；兴庆区、永宁县、灵武市、平罗县、利通区、盐池县、青铜峡市、彭阳县和沙坡头区 9 个县的 EI 值下降，占全区国土总面积的 47.57%。

从变化度分级看，同心县、西吉县、海原县的生态环境状况指数变化值（△EI）在 1 和 3 之间，生态环境质量略微变好；其余 19 个县（市、区）生态环境状况指数变化值（|△EI|）小于 1，生态环境质量无明显变化。各县（市、区）生态环境状况指数及变化情况见表 8。

表 8 各县（市、区）生态环境状况指数及变化情况

项目地区	2017 年指数（EI）	2016 年指数（EI）	2017 年较 2016 年变化度情况		
			变化值（△EI）	变化强度（%）	变化度级别
兴庆区	48.03	48.22	−0.19	−0.39	无明显变化
西夏区	49.33	48.47	0.86	1.77	无明显变化
金凤区	47.03	46.75	0.29	0.62	无明显变化
永宁县	46.71	47.40	−0.69	−1.47	无明显变化
贺兰县	53.32	53.15	0.18	0.33	无明显变化
灵武市	41.25	42.16	−0.91	−2.15	无明显变化
大武口区	41.13	40.33	0.79	1.97	无明显变化
惠农区	42.31	41.61	0.70	1.69	无明显变化
平罗县	48.50	48.70	−0.21	−0.42	无明显变化
利通区	44.88	45.45	−0.57	−1.25	无明显变化
红寺堡	45.49	45.35	0.13	0.30	无明显变化
盐池县	42.34	42.63	−0.29	−0.68	无明显变化
同心县	43.21	42.19	1.02	2.42	略微变好
青铜峡市	45.09	45.58	−0.50	−1.09	无明显变化
原州区	54.11	53.23	0.88	1.65	无明显变化
西吉县	49.01	47.99	1.02	2.12	略微变好
隆德县	57.65	56.95	0.70	1.23	无明显变化
泾源县	67.91	67.60	0.31	0.46	无明显变化
彭阳县	52.17	52.45	−0.28	−0.54	无明显变化
沙坡头区	42.41	42.42	−0.01	−0.03	无明显变化
中宁县	40.78	40.13	0.64	1.61	无明显变化
海原县	44.65	43.51	1.14	2.62	略微变好

三、结论及对策建议

第一，遥感解译结果显示，2017 年，宁夏全区土地利用类型仍然以草地为主，占全区国土总面积 48.55%，其次是耕地，占全区国土面积的 26.41%。林地、建设用地、水域湿地、未利用地依次占 11.60%、6.66%、4.22%、2.56%。

第二，2017 年宁夏全区及五地级市生态环境状况为"一般"，生态环境质量均无明显变化。全区 22 个县（市、区）除隆德县和泾源县的生态环境状况级别为"良"之外，其余 20 个县（市、区）均为"一般"。同心县、

西吉县、海原县 3 个县的生态环境质量略微变好，19 个县（市、区）生态环境质量无明显变化。

第三，生态环境状况各项评价指标中 3 项指标生物丰度指数、植被覆盖指数、水网密度指数呈正相关性，保证林草地和水域面积的稳定，是生态环境状况不再持续恶化的基本条件，生态环境状况指数的提升关键是要提升林草地的质量，如增加森林覆盖率和高质量草场面积，同时水域湿地的持续增长也至关重要。另 2 项土地胁迫指数和污染负荷指数呈负相关性。环境污染物排放量、水土流失和土壤沙化面积以及城镇建设用地的增加阻碍着生态环境状况的提升，

第四，评价区域内一旦出现严重影响人居生产生活安全的生态破坏和环境污染事件，生态环境状况分级降一级。因此，加强安全生产和生态环境保护政策要继续得到贯彻，确保生态环境状况稳定且持续提升是人民安居乐业的前提，也是新时代人与自然和谐发展的有力保障。

宁夏实施蓝天、碧水、净土"三大行动"研究

王红艳

全面贯彻落实党的十九大精神与自治区第十二次党代会精神，必须加强环境污染防治，紧盯蓝天、碧水、净土"三大行动"目标，从源头上为地区生态环境减负。

一、宁夏当前生态环境基本态势

宁夏深居西北内陆高原，属典型的大陆性半湿润半干旱气候，北部西、北、东三面分别被腾格里沙漠、乌兰布和沙漠及毛乌素沙地围绕，中南部干旱区地处我国生态脆弱带，具有雨雪稀少，气候干燥，风大沙多，生态脆弱，沙漠化突出，自然灾害频发，大气、土壤环境承载力低等特征。据测算，1949 年至 2015 年，宁夏发生干旱的概率高达 71.9%。生态环境脆弱，其中，极度脆弱占 2.03%，重度脆弱占 8.58%，中度脆弱占 29.62%。水土流失面积占全区总面积的 70%。草原生态系统脆弱，土地盐碱化和荒漠化加剧。全区 3665 万亩天然草原中 90% 以上存在着不同程度的退化问题。由于黄河沿岸湿地渔业养殖、农药化肥过量使用，以及地表水污染、农田退水、土壤和固废污染等环境问题造成湿地生态系统功能下降。仅 2017 年宁夏发现地质灾害隐患 2680 处，其中崩塌 565 处、滑坡 766 处、

作者简介 王红艳，中共宁夏区委党校公共管理教研部教授。

泥石流 355 处、地面塌陷 22 处、不稳定斜坡 906 处，受威胁人口达 4.1 万余人，潜在经济损失约 4 亿元。

人类的需求不仅包括对农产品、工业产品和服务产品的需求，还包括对清新空气、清洁水源和安全的土壤等生态产品的需求。近三年是宁夏环境保护认识最深、整治力度最大、举措最实、推进最快、成效最显著的三年。绿水青山就是金山银山的理念深入人心，绿色消费、绿色出行逐渐成为社会自觉。能源消耗强度大幅下降，环境状况明显改善。在打好"蓝天"战役方面，实施了工程治理、结构调整和严格管控"三大行动"，使 2017 年全区优良天数平均达到 202 天， PM2.5 平均浓度控制到 65 微克/立方米，超额完成国家"大气十条"确定的下降 25% 的目标任务。秋冬季空气质量为五年来最好，主要城市 PM2.5 浓度比 2015 年下降 18% 以上。划定了大气污染防治重点区域，探索构建了重点区域网格化管理模式。建立大气环境承载力和重污染天气预警机制，打造完善了"控煤、控灰、控尘、控车、控烧"五控格局，使空气质量进一步改善。在打好"碧水"战役方面，制定出台了《宁夏回族自治区水污染防治条例》，全面落实了河长制，实施了水污染防治设施建设、饮用水环境安全保障、良好水体保护"三大行动"。目前宁夏Ⅰ、Ⅱ、Ⅲ类水体比例达到 70% 以上，劣Ⅴ类水体比例控制在 5% 以内，确保水环境质量持续保持优良。在打好"净土"战役方面，制定出台了《宁夏回族自治区土壤污染防治条例》，落实了土壤污染防治行动计划，实施土壤环境监测预警建设、耕地土壤污染分类管控、建设用地污染风险防范、工矿企业污染综合整治等行动，加快完成了重点企业清洁化改造工作，划定畜禽规模养殖禁建区，开展土壤监测和风险源排查，严控新增污染，逐步减少存量污染，使受污染耕地安全利用率达到 90% 左右。

二、实施蓝天、碧水、净土"三大行动"面临的困境

目前，宁夏提供农产品、工业品和服务产品的能力已迅速增强，但提供生态产品的能力却不尽如人意，生态环境仍面临极大挑战。

（一）大气环境质量下降，雾霾天气呈多发状态

伴随城市化与工业化的快速推进，宁夏大气环境质量受到了严重威胁，

冬春季节雾霾天气开始出现并呈多发趋势，可吸入颗粒物（PM10）不降反升（见图1）。2017年全区5个地级市城市燃煤、扬尘及机动车尾气污染问题尚未得到完全控制。6项空气污染物平均浓度同比"三升三降"可吸入颗粒物二氧化氮（NO_2）和臭氧（O_3）平均浓度同比分别上升2.9、14.3和8.5个百分点。

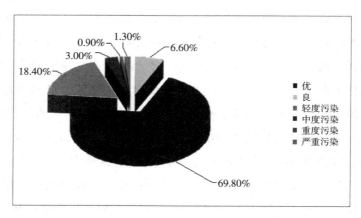

图1 2017年日空气质量级别分布

（二）水资源短缺与污染并存，饮用水安全受到威胁

1.水资源短缺且分布不平衡

宁夏南部山区的原州区、彭阳县年降雨量在350毫米以上；而中部干旱带的海原县、同心县、盐池县与中卫市部分地区年降雨量200毫米左右；引黄灌区的银川河套平原各县虽拥有较丰富的黄河水资源，但地下水资源匮乏，形成了两头高中间低的分布现状。全区人均水资源占有量仅为黄河流域各省人均1/3，全国人均1/12，人均水资源可利用量仅有670立方米，占全国平均值的1/3，是我国极度缺水的地区之一。目前国家给宁夏分配的黄河可用水量为40亿立方米，绝大部分主要分布在北部引黄灌区，区域禀赋差异大。

2.城市水污染防治任务重

由于城市水体流动性小，水体交换慢，更新时间长，环境容量较小，生态系统脆弱，自我修复能力差，污染长期累积等原因，在城市建成区会形成一些没有生命形态、自我修复能力弱的黑臭水体。黑臭水体污染治理成为"十三五"宁夏水污染治理行业的一个难点。而 13 条主要入黄排水沟水质总体为重度污染，其中 8 个沿黄重要湖泊水库水质总体为轻度污染，5 个水源地个别项目存在超标现象，完成国家考核任务困难极大。

3. 饮用水安全受到威胁

饮水安全，关系千家万户的福祉。长期饮用不合格水，造成人体急慢性中毒及传染病暴发流行。宁夏县级以上城市集中饮用水水源地 20 处，其中地表饮用水水源地 3 个，地下饮用水水源地 17 个，存在一些水源选址不合理与水处理工艺落后情况，其中银川、石嘴山、吴忠、中卫等地市饮用水水源一级保护区内存在养殖、制药、建材以及加油站等企业或设施，严重影响该地区供水安全。

（三）土壤环境污染严重，恢复严重滞后

1. 耕地质量逐年下降

耕地是最宝贵的农业资源，保护耕地质量势在必行。受水资源条件限制，宁夏优质耕地少、低产旱地多，土地瘠薄，水浇地占比不高。全区 1936 万亩耕地中水浇地仅有 751.55 万亩，占全区耕地总面积 38.8%，而大多是中低产田，占到总面积的 83.6%，产量低而不稳，加之土壤盐渍化问题，保护耕地与保障发展用地之间矛盾突出，一些地区耕地后备资源匮乏、无法有效补充耕地。

2. 面源污染严重

受传统生产方式与生活习惯影响，农业生产中使用化肥、农膜、农药，畜禽养殖造成的污染以及人粪尿、农村生活污水、生活垃圾等废弃物对农村环境造成的面源污染日益严重，已影响到农村经济和农业的可持续发展，成为环境污染防治工作的另一个重点和难点。同时，受经济发展环境影响及环保节能减排要求影响，宁夏有相当一部分传统生产加工型工业企业被淘汰出局，出现大量的废弃土地。但这些地方大多是工业污染程度严重的地区。企业生产经营活动中排放的废气、废水、废渣造成土壤污染须引起重视。对 17 家工矿企业周边 64 个风险点位土壤监测发现，3 个点位的苯并芘超标。

3. 土壤保护明显滞后

土壤污染具有隐蔽性、滞后性等特点，往往一开始不足以引起大家的关注，但一旦形成破坏，所造成的直接与间接损失往往超出人们的想象。分析造成宁夏土壤保护滞后的原因，可以看出除了自然环境变化的影响，主要是人为因素。宁夏位于西北内陆地区，交通不便，信息不灵，农民文化水平低，对合理开发利用土地资源的重要性和必要性认识不足，在思想观念、生产方式、生活方式等方面存在着一系列亟待解决的问题。

（四）环保基础设施建设滞后

1. 大气治理投入不足，环境保护机构力量薄弱

目前，宁夏还有 5 个县、4 个区没有环保机构，存在装备不足、环保机构队伍建设滞后、人员少且不稳定等问题，难以适应环境保护尤其是大气污染防治工作有序开展的要求。

2. 污水处理场建设滞后，污水处理达标率低

城镇污水处理厂虽然实现了市、县（区）全覆盖的目标，但是，由于设计标准低，已建成的 34 座城镇污水处理厂，仅有 8 座达到国家最新排放标准一级 A 标准，还有 5 座新建污水处理厂不达标，工业园区集中治污设施建设滞后，尤其是南部山区 4 个县的污水处理厂存在设计落后、污水收集管网不配套、经费短缺等问题。

3. 垃圾填埋场渗滤液难以达标排放

垃圾填埋场的正常运行需要完善的滤液收集处置系统，但因为缺乏专业的运营与维护团队，造成运营水平低下，大量垃圾填埋场渗滤液收集处置系统不能正常运行，深度治理设施无法正常投运，渗滤液难以达标排放。

（五）一些遗留环境问题尚未彻底解决

宁夏生态环境质量目前已出现稳中向好趋势，但成效并不稳固。生态文明建设仍处于压力叠加、负重前行的关键期。自治区党委、政府对此高度重视，切实抓环保督察组反馈意见的整改落实，及时开展"回头看"，对破坏生态环境并造成损害的责任人与企业进行了严肃处理，但仍有一些问题未得到彻底根除，局部生态环境破坏情况仍然存在。部分地区企业重开发、轻环保问题，环保设施运行和日常监管不到位问题，石嘴山市、吴忠

市、固原市等污染较重地区 PM10 年均浓度不达标问题，生态水比例低的问题，用于大气和水污染防治资金投入不足等问题依然不同程度的存在，成为污染治理难点和群众投诉热点。

三、铁腕整治环境污染，提升环境质量水平

打好污染防治攻坚战应深入落实自治区党委、政府《关于推进生态立区战略的实施意见》，全面实施《"蓝天碧水·绿色城乡"专项行动方案》，通过不断提升环境治理能力和治理水平，提升环境质量水平，助推宁夏经济转型健康发展。

（一）坚决打赢蓝天保卫战

1.加快推进煤炭清洁利用，严格控制煤炭消费品质与总量

加强对煤炭开采、运输和使用环节的煤质监控并定期公布。在城市建成区划定高污染燃料禁燃区，以优质、低排放煤炭产品替代劣质煤，全面禁止劣质煤销售、使用，禁止新建、改建、扩建耗煤项目，除煤化工、火电以外，一律实施煤炭等量置换。对供热、供气管网不能覆盖的地区完成清洁取暖改造，全部清零原煤散烧。建设以县（市、区）为单位的全密闭配煤中心以及覆盖乡（镇）、村的洁净煤供应网络，实现洁净煤使用率达到90%以上。加强主城区及影响区原有燃煤火电机组烟气脱硫设施建设、修护、改造。

2.加强烟尘、扬尘、汽尘污染防治

一是加强烟尘防治。加快宁夏钢铁、化工、冶金、水泥等高耗能行业脱硫脱硝除尘提标改造，重点推进石油化工、煤化工等行业挥发性有机物监测及综合治理；冶金行业高效除尘技术与工业炉窑高效除尘设备的升级改造；主城区储油库、加油站和油罐车的油气污染治理和餐饮业油烟排放监管与专项治理，严格执行挥发性有机物有机溶剂含量限值标准；力求到2020年使宁夏秸秆综合利用率达到85%以上。

二是加强扬尘防治。加强对工地的现场监督执法，强化建设单位、施工单位控制扬尘污染主体责任、意识，推进绿色工地建设。严防运渣车辆冒装撒漏。推行使用具备全密闭功能的运渣车并在车上安装卫星定位系统。

开展联合执法，加强对运渣车辆在运输环节中的执法检查。加强混凝土搅拌站粉尘排放监管。加强道路保洁，实现主要地级市城市道路"深度机械洗扫+人工即时保洁"。提高城市绿地面积和绿化率，基本消除城区裸露空地。

三是加强汽尘防治，强化新车管理。对汽车生产和出厂环节加强核准和生产一致性检查；提高机动车环保定期检测率和检测质量；全面核发机动车环保检验合格标志；加快淘汰老旧车辆，实施黄标车限行；推进大型运输场站和大型物流配送中心建设。

3. 强化空气异味综合整治

在全区开展空气异味综合整治专项行动。重点加强对永宁、贺兰等县区医药、农药、生物发酵与染料中间体等行业企业开展异味污染调查与评价。严格按照中央环境保护督察组反馈意见整改要求对群众反映强烈、治理效果不明显的污染企业依法实行限产整改、搬迁或关停，通过改进生产工艺、优化治理设施，对异味全程管控。强化措施，减少污水处理厂、垃圾收集转运站等恶臭影响。严格控制废物及生物质燃烧废气，禁止露天焚烧农作物秸秆、树叶、枯枝、有机生活垃圾等。

4. 强化重污染天气应对

一是进一步强化部门及企业的应急责任。实行重污染天气应对属地党政主要领导负责制，建立统一监测、统一预警、统一防治的联防联控体系，实现主要污染物协同控制、污染源综合治理。二是建立区域联动工作机制。与周边省市定期召开联席会，通报空气质量状况，分析区域空气质量变化趋势，明确区域空气质量改善目标、污染防治措施和重点治理项目。三是建立健全大气污染综合防治督查考核机制。由政府蓝天行动督查组成员部门派专人长期进行专项巡查、督查、督办，并把年度目标任务完成情况纳入党政一把手环保实绩考核和综合目标考核内容之中。四是建立完善全社会参与、全过程监督制度。定期向社会公布空气质量状况和污染物排放超标单位名单。同时发挥人大代表、政协委员、专家、市民对全区空气污染情况进行不定期监督检查。五是建立奖惩制度。对实施成绩显著的单位和个人给予嘉奖，对工作不力或未能完成目标任务的单位和个人追究责任。

（二）着力打好碧水保卫战

1. 强化全民水资源保护意识

水资源和水源地的保护需要全社会的共同实施和参与。加大水资源保护宣传，取得全社会对水资源和水环境保护的认同，树立资源有价、用水有偿、节约和保护水资源的思想意识是我们合理开发保护水资源的前提。应该大力倡导文明生产和消费方式，提升公民环境保护素质，倡导崇尚节水光荣、浪费水可耻的社会风尚，建设与节水型社会相符合的节水文化。

2. 全力节约、保护水资源

一是控制用水总量与方式。完善取用水总量控制指标体系，进行取用水总量全面调查。对取用水总量已达标或超标地区，应暂停审批新增取水许可，对进入取水许可管理的单位和一些用水大户实行用水计划管理和超定额累进加价管理，把再生水、雨水等非常规水源纳入水资源统一配置。新建、改建、扩建项目用水要达到行业先进水平，节水设施应与主体工程同时设计、同时施工、同时投运。严控地下水超采，实现采补平衡。

二是开展三大节水行动。开展工业节水行动。严格执行国家支持和淘汰的用水技术、工艺、设备和产品目录。开展水平衡测试、节水诊断、用水效率评估，加强用水定额管理。禁止生产、销售不符合节水标准的产品、设备。开展城镇节水行动。加大节水工作力度，限期淘汰公共建筑中不符合节水标准的生活用水器具。倡导居民家庭选用节水器具。新建城区硬化地面要求可渗透面积达到40%以上。加强节水灌溉工程节水改造与建设，推广保护性耕作、农艺节水保墒、渠道防渗、水肥一体化、管道输水、喷灌与微灌等节水灌溉技术的运用，完善灌溉用水计量设施。

3. 加强水环境污染防治

一是制定重点入黄排水沟综合整治方案。结合工业园区集中污水处理设施和城市生活污水处理厂提标改造工程，全面完成清理、关闭排污企业在排水沟设置的直排口工作。在排水沟适宜地段建设人工湿地。2018年年底计划完成13条重点入黄排水沟人工湿地建设，使其全部达到Ⅳ类水质，2020年做到黄河干流宁夏段三类水体比例保持在100%。二是强化南部山区跨界河流治理。完成渝河、茹河、泾河、葫芦河及清水河生态综合治理工程，加强对河流源头及当前水质达到或优于Ⅲ类标准的河流湖库的保护强度，确保跨界断面水质稳定达标。三是防治地下水污染。定期调查评估集中式地下水、饮用水水源补给区环境状况，通过增加监测点位、项目和频次，密切掌握地下水环境动态，管控地下水污染风险。四是构建水资源承载能力监测评价体系。在重点河湖，如沙湖、阅海、典农河划定禁止、限制养殖区，开展专项整治。

4. 构建城乡饮用水安全保障体系

实施农村集中饮水巩固提升安全工程。到 2020 年，实现乡镇自来水普及率达到 100%，农村自来水普及率达到 87%，供水保证率达到 95% 以上。强化城镇污水处理。加快城镇污水处理设施扩容提标改造，实现城镇建成区生活污水全部收集处理。到 2020 年实现全区所有重点镇具备污水收集处理能力，地级城市、县城污水处理率分别达到 95%、90%，再生水利用率达到 25% 以上。开展城市应急水源建设工程。对存在安全隐患的城市供水水源地进行替换，2020 年年底前完成备用水源或应急水源建设。

（三）扎实推进净土保卫战

1. 优化空间布局

充分发挥《宁夏空间发展战略规划》《宁夏回族自治区主体功能区规划》对宁夏土地利用的先导和管控作用，结合区情推进新型工业化、新型城镇化和农业现代化进程，进一步明确市县功能区布局，构建科学合理的城镇化格局、农业发展格局、生态安全格局。加快建立系统完整的土地节约、集约利用考核体系，形成节约资源和保护环境的空间格局，为全区经济社会全面协调可持续发展和全面建成小康社会提供坚实的资源保障。

2. 推进工业固体废物综合利用

重点培育煤矸石、粉煤灰、脱硫石膏、电石渣等工业固体废物综合利用产业。统筹规划工业园区固体废物集中处置能力建设，加强渣场等堆存场所基础设施建设。支持固体废物综合利用应用技术研究，大力发展循环经济模式，建立煤—电及其废物循环利用、煤—电—高载能及其废物循环利用、煤—煤化工及其废物循环利用等典型工业固废综合利用产业链条，构筑资源开采—粗加工—精深加工—制成产品—废物—资源再利用的循环经济产业链条。力求到 2020 年，工业固体废物综合利用率达到 73%。

3. 开展农村人居环境整治行动

制定实施全区农业面源污染综合防治方案。推广低毒、低残留农药使用补助试点经验，开展农作物病虫害绿色防控和统防统治，减少化肥、农药施用总量；依据基本资源化利用地膜、秸秆、畜禽粪便要求，加快规模养殖场粪污处理设施装备配套，推进畜禽养殖废弃物资源化利用；探索建立农膜和废旧塑料回收利用机制。

4. 提高生活垃圾分类收集和无害化处置水平

加快垃圾处理产业化进程，健全再生资源回收利用体系，推进生活垃圾、餐厨垃圾、建筑垃圾资源化利用，实现城市生活垃圾无害化处理率达到 95% 以上，县城生活垃圾无害化处理率达到 85% 以上。完成垃圾渗滤液处理设施达标改造，加大垃圾渗漏液处理设施的运行、监管，防止垃圾渗漏液二次污染环境。建立生活垃圾填埋场信息管理系统，开展规范化达标考核。

5. 开展污染土地的治理与修复

制定土壤污染治理与修复规划，启动污染修复示范工程，开展受污染集中连片耕地综合整治试点，对重金属污染的土壤进行相应的治理，植树种草，减少直接暴露；对污染严重的土壤进行表土填埋或移除，减少儿童与重金属污染土壤的直接接触。实行土壤污染治理与修复终身责任制。

6. 推进城镇低效用地再开发

按照国土资源部《关于深入推进城镇低效用地再开发的指导意见（试行）》的要求和部署，指导各市、县（区）科学编制《城镇低效用地再开发专项规划》，规范推进宁夏城镇低效用地再开发工作，促进城镇更新改造和产业转型升级，盘活存量建设用地，优化土地利用结构，提高城镇土地利用效率。建立闲置土地处置长效机制，力求把闲置土地总量降到最低程度。

7. 开展土壤环境质量调查监测

全面完成全区农用地土壤污染状况详查，掌握重点行业企业用地中的污染地块分布及其环境风险情况，完善土壤环境质量信息管理系统建设。建立被污染土壤风险管控名录和分类质量调查评估制度，确定土壤环境重点监管企业名单。加强对排放重金属、有机污染物的工矿企业监督检查力度，坚决治理环评不过项目。同时，加强对其周边地区的土壤环境质量监测。

宁夏大气环境状况研究

王林伶

党的十八大以来，以习近平同志为核心的党中央从文明进步的新高度审视发展，把生态文明建设纳入中国特色社会主义"五位一体"布局，提出了"建设美丽中国"的目标要求。宁夏积极践行建设美丽新宁夏的实践，坚持"绿水青山就是金山银山"新发展理念，以环境保护与经济发展共促共赢，突出绿色循环低碳发展，落实生态立区战略，建设生态文明先行区。

一、2018 宁夏空气治理举措与"环境空气质量综合指数"排名

（一）宁夏环境空气治理亮点与举措

1. 三大生态系统治理，建设美丽新宁夏

自治区政府发布《宁夏回族自治区生态保护红线》，明确宁夏生态保护红线总面积 12863.77 平方公里，占全区国土总面积的 24.76%，形成"三屏一带五区"（"三屏"是指贺兰山生态屏障、六盘山生态屏障、罗山生态屏障；"一带"是指黄河岸线生态廊道；"五区"为东部毛乌素沙地防风固沙区、西部腾格里沙漠边缘防风固沙区、中部干旱带水土流失区、东南黄土高原丘陵水土保持区、西南黄土高原丘陵水土保持区）的生态保护红线分布格局，持续推进自然保护区清理整顿工作，生态文明建设成效显著。

作者简介　王林伶，宁夏社会科学院综合经济研究所副研究员。

目前，宁夏正在加快建设北部平原绿洲、中部干旱带防风固沙、南部山区绿岛三大生态系统，大力推进大规模国土绿化行动，计划 2018 年完成营造林 145 万亩，治理荒漠化 50 万亩、水土流失 800 平方公里以上。宁夏打响了保护贺兰山的全民保卫战，贺兰山国家级自然保护区范围内所有煤炭、砂石等工矿企业关停退出，并进行环境整治和生态修复，停止审批保护区内矿产资源开采和建设项目，有 169 家矿山和其他企业全部停产退出。通过生态恢复与治理，如今贺兰山银川段、石嘴山段刺槐、榆树、沙枣树等树木生机盎然，往日杂乱的矿山、砂石场被绿色覆盖，形成了上百亩的植被区，未恢复前这里曾是多家洗煤厂严重破坏生态的现场。宁夏在治理大气环境过程中各地都采取了一些不同的做法使"山与水""城与村""人与自然"形成了和谐共处的良性循环。出现了 2018 年上半年，剔除沙尘天气影响，全区环境空气质量优良天数比例为 82.8%，同比增加 4.7 个百分点；PM10 平均浓度为 90 微克/立方米，同比下降 1.1%；PM2.5 平均浓度为 37 微克/立方米，同比下降 11.9% 的局面。

2. 出台打赢蓝天保卫战三年行动，试点污染热点网格智能监管

宁夏出台《宁夏打赢蓝天保卫战三年行动计划（2018—2020 年）》（以下简称《行动计划》），确定了未来 3 年大气污染防治工作的总体要求、主要目标、重点区域和重点任务。根据《行动计划》，未来 3 年宁夏大气污染防治的重点区域是银川市、石嘴山市、吴忠市利通区和青铜峡市、宁东能源化工基地（核心区）。设置了重点考核指标分解表，将 PM10、PM2.5 及优良天数等目标任务分解至市、县（区）和宁东能源化工基地，对未通过年度考核或终期考核的地方实行区域限批。

在大气环境治理方面，宁夏借鉴京津冀"2+26"城市大气污染热点网格管理模式，在银川市、石嘴山市重点区域试点大气污染热点网格监管。根据《全区大气污染热点网格智能监管试点工作方案》，将在全区重点监控区域安装热点监控设备 586 台，划分热点管理网格 141 个，目前已完成安装 427 台，占总体任务的 73%。大气污染热点网格自 2018 年 5 月初开展试运行，截至目前，共报警 394 次，网格员组织查处反馈 215 次；共发现大气污染问题 121 个，其中扬尘问题 75 起、粉尘无组织排放 16 起、着火点

8起、其他22起，充分发挥热点网格在大气污染防治工作中的作用。

3. 热电联产集中供热，保卫蓝天，守护"银川蓝"

2018年年初，银川市针对供热结构不合理、燃煤污染严重、工业废气污染排放强度大、产业与项目布局不合理、城区内建筑工地数量多分布广、夏季臭氧污染形势愈发严峻等问题，银川市委、市政府统筹谋划、整体部署、协调推进，制定了《银川市2018年蓝天工程实施方案》《银川市2018年散煤治理工作方案》《银川市2018年臭氧污染防控攻坚行动方案》《关于加快推进全市重点行业无组织排放达标治理的通知》等一系列指导性文件，对银川市大气污染防治工作进行了彻底的查漏补缺，进一步完善了工作内容，细化了治理措施，量化了考核指标。针对采暖期锅炉污染，银川市全面实现热电联产集中供热，结束长期以来城区锅炉房分布小、散、乱的局面。以华电"东热西送"集中供热项目为例，该项目以华电灵武电厂为热源，盾构穿越黄河，超长距离热力输送，大温差热泵技术供热，并且通过集中化智能控制系统，实现了对供热设备的整体远程控制和无人值守。该项目替代城区燃煤小锅炉155台，减少燃煤量130万吨，减少二氧化硫排放1.2万吨，减少氮氧化物排放2万吨，减少烟尘排放3.5万吨。

（二）宁夏五市"环境空气质量综合指数"与排名

宁夏五市在治理空气环境质量上积极作为，认真落实年度计划，采取各种措施来降低污染物排放，确保实现年度目标任务，在空气质量治理上取得了阶段性效果。从2018年1月到10月环境空气质量监测、环境空气质量综合指数、优良天数比例和各个月份综合排名情况可以看出，在宁夏五市中固原市空气环境质量最好，始终排在第一位，其次是吴忠市排名第二、中卫市排名第三，银川市排名第四，石嘴山市排名第五（见表1）。

表1　2018年1—10月宁夏五市"环境空气质量综合指数"与排名

月份	指标		银川市	石嘴山市	吴忠市	固原市	中卫市
1	平均浓度	可吸入颗粒	92	98	97	84	94
		细颗粒物	48	49	46	46	42
		二氧化硫	/	/	/	/	/
		二氧化氮	/	/	/	/	/
		一氧化碳	/	/	/	/	/
		臭氧	/	/	/	/	/

续表

月份	指标		银川市	石嘴山市	吴忠市	固原市	中卫市
1	综合指数		5.83	5.61	4.57	4.42	4.58
	优良天数比例(%)		88.5	89.7	76.7	93.1	92.6
	综合排名		5	4	2	1	3
2	平均浓度	可吸入颗粒	85	90	86	89	81
		细颗粒物	42	44	36	39	39
		二氧化硫	66	71	28	12	23
		二氧化氮	34	32	22	24	25
		一氧化碳	1.7	1.6	1.4	1.4	1.3
		臭氧	110	105	85	114	106
	综合指数		5.47	5.57	4.16	4.24	4.25
	优良天数比例(%)		96.3	96.0	96.0	96.3	95.8
	综合排名		4	5	1	2	3
3	平均浓度	可吸入颗粒	156	157	188	141	194
		细颗粒物	51	59	62	48	57
		二氧化硫	47	53	20	9	22
		二氧化氮	41	36	28	30	27
		一氧化碳	1.4	1.6	1.5	1.1	1.2
		臭氧	139	135	96	140	135
	综合指数		6.71	6.95	6.47	5.44	6.59
	优良天数比例(%)		61.3	61.3	45.2	61.3	48.4
	综合排名		4	5	2	1	3
4	平均浓度	可吸入颗粒	145	168	145	155	181
		细颗粒物	41	48	51	45	49
		二氧化硫	19	36	14	7	16
		二氧化氮	33	29	23	28	23
		一氧化碳	1.1	1.1	0.6	0.9	1.0
		臭氧	154	159	114	141	137
	综合指数		5.62	6.36	5.20	5.42	5.95
	优良天数比例(%)		70	46.7	63.3	70.0	60.0
	综合排名		3	5	1	2	4
5	平均浓度	可吸入颗粒	145	164	139	124	180
		细颗粒物	40	50	43	39	51
		二氧化硫	14	26	12	6	13
		二氧化氮	30	24	18	22	20
		一氧化碳	0.8	1.1	0.4	0.8	0.8
		臭氧	184	185	136	155	150
	综合指数		5.54	6.24	4.82	4.70	5.89
	优良天数比例(%)		45.2	45.2	67.7	74.2	67.7
	综合排名		3	5	2	1	4

续表

月份	指标		银川市	石嘴山市	吴忠市	固原市	中卫市
6	平均浓度	可吸入颗粒	78	85	65	68	72
		细颗粒物	28	30	25	24	24
		二氧化硫	12	24	12	6	14
		二氧化氮	28	27	22	22	22
		一氧化碳	0.8	1.1	0.6	0.8	1.0
		臭氧	186	183	182	162	179
	综合指数		4.17	4.57	3.68	3.52	3.87
	优良天数比例(%)		43.3	53.3	56.7	83.3	40.0
	综合排名		4	5	2	1	3
7	平均浓度	可吸入颗粒	97	77	81	57	92
		细颗粒物	34	31	29	23	29
		二氧化硫	9	13	8	6	9
		二氧化氮	23	21	12	16	15
		一氧化碳	0.8	1.0	0.6	0.8	1.0
		臭氧	191	172	157	134	144
	综合指数		4.48	4.06	3.55	3.01	3.82
	优良天数比例(%)		61.3	71.0	87.1	96.8	90.3
	综合排名		5	4	2	1	3
8	平均浓度	可吸入颗粒	60	61	56	55	49
		细颗粒物	31	28	21	21	23
		二氧化硫	10	16	8	7	9
		二氧化氮	25	24	15	19	15
		一氧化碳	1.2	1.1	0.7	1.0	1.1
		臭氧	175	157	159	125	133
	综合指数		3.93	3.80	3.08	3.02	3.00
	优良天数比例(%)		67.7	90.3	90.3	100	100
	综合排名		5	4	3	2	1
9	平均浓度	可吸入颗粒	70	68	64	60	62
		细颗粒物	33	26	22	20	27
		二氧化硫	12	25	10	5	14
		二氧化氮	34	28	23	27	23
		一氧化碳	1.4	1.0	0.5	0.8	1.0
		臭氧	133	130	131	120	131
	综合指数		4.17	3.89	3.23	3.14	3.54
	优良天数比例(%)		96.7	96.7	100	100	96.7
	综合排名		5	4	2	1	3

续表

月份	指标		银川市	石嘴山市	吴忠市	固原市	中卫市
10	平均浓度	可吸入颗粒	90	90	82	85	89
		细颗粒物	43	39	36	31	44
		二氧化硫	16	40	12	9	18
		二氧化氮	46	41	30	36	30
		一氧化碳	1.7	1.6	0.7	1.2	1.2
		臭氧	113	112	115	104	114
	综合指数		5.08	5.19	4.05	4.10	4.59
	优良天数比例(%)		96.8	87.1	96.8	96.8	93.5
	综合排名		4	5	1	2	3

说明：1.环境空气质量自动监测项目：二氧化硫（SO_2）、二氧化氮（NO_2）、可吸入颗粒物（PM10）、细微颗粒物（PM2.5）、一氧化碳（CO）、臭氧（O_3）。2.环境空气质量状况排名采用环境空气质量综合指数和可吸入颗粒物月均浓度两种方法，环境空气质量综合指数越小，可吸入颗粒物月均浓度值越低表示环境空气质量越好。

二、宁夏空气环境存在的问题

（一）部分企业环保责任意识不强，区域"散乱污"现象多发

面对经济下行压力增大、宁夏部分倚重倚能高排放的产业特征尚未根本转变，在生态环保制度日趋严格、中央环保督察处理力度日益加大的局面下，宁夏的部分工业企业主体环保责任意识不强，对环境保护重视程度不够。一些地区"散乱污"工业企业比较严重，2018年以来全区组织开展大气、水、水源地、秸秆焚烧等关键领域专项执法检查，加强重点领域、重点行业、重点企业环境监管，依法严厉打击环境违法行为，截至6月底，共处罚7762.9万元，其中按日连续处罚6起、查封扣押46起、限产停产46起、移送行政拘留13起。

（二）大气污染治理重点项目完成率滞后

据自治区"蓝天碧水·绿色城乡"专项行动领导小组办公室通报，全区大气污染治理重点项目进展情况。截至2018年9月30日，全区共计划实施大气治理项目637个，共完成361个，完成率56.7%。其中银川市计划完成项目170个，共完成102个，完成率60%；石嘴山市计划完成项目264个，共完成151个，完成率57.2%；吴忠市计划完成项目120个，共完

成 82 个，完成率 68.3%；固原市计划完成项目 25 个，共完成 6 个，完成率 24%；中卫市计划完成项目 31 个，共完成 10 个，完成率 32.3%；宁东基地计划完成项目 27 个，共完成 10 个，完成率 37%。

（三）建成区中的污染企业何去何从

随着城市化扩张的加快，早期建在城市边缘的炼油厂、橡胶厂、医药厂、水泥厂等，早已被城市小区包围或半包围，被称为建成区的污染企业。随着宁夏经济、社会发展，城市的定位、区域的规划也都发生了变化，以及国家对污染物排放标准的提升，人们对环保意识的增强，政府、媒体及周边居民对企业的安全生产、空气质量、环境保护要求越来越高，虽然企业在环保方面也加大了投入，但环保投诉时有发生，就会成为当地安全环保部门重点监控的对象。宁夏也存在建成区内有部分污染企业，这就需要经过科学评估，论证企业环境保护、安全生产条件等状况，看是否以通过就地改造达到环境保护法律法规要求和国家标准容许其生产，或者要求实施退城搬迁、改造升级、依法限期关闭，成为急需解决的一个难题。

三、宁夏空气环境建设的对策建议

（一）"建设美丽新宁夏，共圆伟大中国梦"的内涵与要求

建设美丽新宁夏应是环境优美与社会和谐的统一，环境就是民生，青山就是美丽，蓝天也是幸福，这是建设美丽新宁夏的关键所在。其一，宁夏迎来了千载难逢的发展机遇期，也是任务期，进入了满足人民对优美生态环境需要的攻坚期。其二，宁夏作为西北地区重要的生态安全屏障，建设美丽新宁夏不仅承载着维护西北乃至全国生态安全的重要使命，而且对宁夏自身环境建设而言，既是实施生态立区战略、深入推进绿色发展的客观要求，也是共圆伟大中国梦的政治要求和政治任务。其三，生态环境是人类生存的基础条件，也是持续发展的重要基石。当环境受到污染与破坏，影响是漫长的、深远的，当然空气治理、生态治理与环境治理也是一个漫长的过程，环境不是一天变坏的，治理也不可能一天变好，这就需要我们清醒地认识到这是一项持久战，以壮士断腕的决心，深入实施蓝天、碧水、净土"三大行动"，紧盯目标，铁腕治污，全民动员，坚决打赢蓝天保卫

战，就一定会实现美丽新宁夏建设的美好愿景。其四，宁夏各族人民在天蓝、地绿、水净的优美环境中，在安定、祥和、和谐稳定的社会氛围下，人民才能同心同德、团结奋斗，安居乐业，就更有理由相信在生态建设和环境保护强大的动力支撑下，共圆伟大中国梦必将实现。

（二）转变发展方式与发展理念，改造提升企业园区环境水平

建设美丽新宁夏，要以更坚定的决心、更紧迫的使命感和更有效的举措推进生态文明建设，顺应时代新要求，满足人民对环境的美好向往，必须走"绿水青山就是金山银山""改善生态环境就是发展生产力"的发展之道。经济发展与环境保护并不是对立面，二者完全可达到双赢共生的局面，关键是要转变发展理念与发展方式，树立绿色发展、低碳发展、循环发展的理念，树立大局观、长远观、整体观，摒弃损害甚至破坏生态环境的发展模式和做法，走可持续发展与循环发展之路，积极进行产业结构调整与转型升级，推动产业高质量发展。企业要淘汰国家明令严禁使用的工艺或设备，运用先进技术进行改造提升，用先进的工艺和装备实施替代和升级改造，以信息化、智能化应用提高清洁生产、安全生产和环境保护水平，促进产品技术提档升级。园区要进一步完善基础设施和公用工程配套，开展循环化改造；积极推进智能制造，鼓励建设数字车间、智能工厂和智慧园区，提升对环境的要求。

（三）实施技术改造与淘汰落后，整治工业企业"散乱污"

要通过实施节能降耗、淘汰落后和化解过剩产能、技术改造提升等行动，来整治工业企业"散乱污"局面。一是在节能降耗方面，对未完成节能目标任务的地区，实行高耗能项目限批；对未完成节能目标任务的企业，取消享受各类财政扶持资金和优惠政策资格。对钢铁、电解铝、水泥、铁合金、电石等行业的建设项目严格执行产能等量或减量置换。二是建立落后产能清单，对整改后仍达不到环保、能耗、质量、安全标准的产能，依法依规关停退出。扩大淘汰落后和化解过剩产能范围，转变产能评价方式，支持产能过剩行业内的企业积极化解过剩产能，淘汰低效产能。三是支持列入"散乱污"企业清单的限期整改类工业企业实施节能降耗、清洁生产和生产工艺装备升级改造，全面提升企业装备和资源综合利用水平，树立

整改标杆；支持搬迁整合类企业借搬迁整合时机，积极采用国内外先进工艺装备和技术，实施升级改造，提升产业层次。四是强化面源污染综合整治。要加强扬尘综合治理，将扬尘管理不到位的不良信息纳入到建筑市场信用管理体系中，情节严重的，列入建筑市场主体"黑名单"。对渣土车辆未做到密闭运输的，一经查出按上限依法从重处罚。五是在治理燃煤污染、工业企业污染上，要采取科学手段合理措施进行缓解与治理，可以通过加强工业企业错峰生产、有效应对重污染天气等方式，杜绝"一刀切"，严格禁止"一律关停""先停再说"等敷衍应对做法。

（四）推进建成区污染企业改造搬迁，推进大气污染治理项目完成

要尽早组织开展城市建成区重污染企业布局情况摸底调查，对城市建成区内现有钢铁、有色金属、造纸、印染、原料药制造、水泥、平板玻璃、焦化、化工等行业的重污染企业逐一登记造册。按照相关法律法规和标准规范，科学评估和论证企业环境保护、安全生产条件，提出相应的环境污染治理举措，实行分步骤、分类型、分行业，平稳有序推动宁夏城市建成区重污染企业退城搬迁或升级改造，达到城市与企业和谐相处、互相促进。同时，要加强实施区域联防联控联治，各级生态环境部门要联合气象等部门，加强对空气质量监测数据的评估研判，对发现的问题要提前预警。对空气质量改善幅度达不到目标任务、重点任务进展缓慢或空气质量指数持续"爆表"的市、县（区），要加紧督导力度，确保既要完成环境保护目标又要合理治理环境。

宁夏水环境状况研究

吴　月　龙生平

党的十九大明确提出要坚决打好污染防治攻坚战，构建人与自然和谐共生的社会。自治区第十二次党代会明确提出大力实施生态立区战略，铁腕整治环境污染，让宁夏的天更蓝、地更绿、水更美、空气更清新。因此，打赢污染防治攻坚战，是宁夏当前亟待解决的三大攻坚战之一，其中打好碧水攻坚战是打赢污染防治攻坚战的重中之重。

一、宁夏水环境现状

宁夏地处西北地区东部、黄河流域上游，北部三面被沙漠包围，中南部分别为干旱风沙区和黄土高原丘陵沟壑区。黄河自中卫市南长滩入境至石嘴山市麻黄沟出境，穿越 4 市 12 个县（市、区），境内流程 397 公里。气候干旱、严重缺水、生态脆弱是宁夏的基本区情。全区多年平均降水量仅 289 毫米，不足全国平均水平的 1/2，多年平均蒸发量高达 1250 毫米；人均当地水资源量 172 立方米，仅为全国人均值的 1/12，加上国家"八七分水"方案分配的 40 亿立方米黄河水，人均占有量仅 615 立方米，不到全国平均水平的 1/3，是全国水资源严重匮乏的省区之一。

作者简介　吴月，宁夏社会科学院科研处副研究员、博士；龙生平，中共宁夏区委党校、宁夏行政学院决策咨询部副教授。

（一）地表水水质

2018 年 6 月，宁夏地表水水质介于地表水Ⅱ—劣Ⅴ类，其中黄河干流入境断面下河沿水质类别为Ⅱ类，水质较好；出境断面麻黄沟全年水质类别为Ⅱ类，较 2017 年同期水质变好。清水河二十里铺水文站以上河段水体水质类别为地表水Ⅱ类，水质较好；三营、冬至河入清水河断面水体水质类别为地表水Ⅳ类，轻度污染，其中三营水质较去年同期上升一个类别；吊堡子、石炭沟、大洪沟断面水体水质为地表水劣Ⅴ类，污染严重；七星渠水体水质为地表水Ⅳ类，轻度污染；泉眼山水文站河段水体水质类别为地表水Ⅱ类，水质较好，较去年同期明显改善；葫芦河玉桥省界断面为地表水Ⅱ类，为优质水；泾河龙潭水库断面水体水质为地表水Ⅱ类，水质较好；弹筝峡省界断面水体水质为地表水Ⅰ类，为优质水；渝河峰台断面、联财省界断面水体水质都为地表水Ⅱ类，基本未受到污染，水质较好；茹河乃家河水库断面为地表水Ⅱ类，水质较好；沟圈省界断面为地表水Ⅳ类，为轻度污染水质；洪河常沟省界断面为地表水Ⅲ类，水质良好。2018 年 6 月，全区 8 个沿黄重要湖库水质总体为轻度污染。3 个国考点位中，石嘴山沙湖水质类别为地表水Ⅳ类，未达到考核目标Ⅲ类水质要求；中卫香山湖、鸭子荡水库水质类别均达到考核目标要求。

（二）地下水水质

2017 年，宁夏地下水资源量 19.331 亿立方米（重复计算量 17.211 亿立方米），较 2016 年增加 0.76 亿立方米。宁夏境内浅层地下水（潜水）埋深较浅（一般埋深 1—30 米）、矿化度较高，主要补给来源为引黄灌区渠系渗漏与田间灌水入渗补给，其次为地下径流侧向补给以及大气降水入渗补给；排泄主要是潜水蒸发和地下径流排入干支沟间接排入黄河。引黄灌区潜水矿化度灌前（4 月）较灌期（8 月）大，表明黄河水的水质对当地潜水矿化度影响显著。沙坡头灌区潜水矿化度 0.54—1.39 g/L（平均 0.85 g/L），自黄河向南北两侧矿化度逐渐增加。青铜峡灌区潜水矿化度 0.32—6.56 g/L（平均 1.57 g/L），自南向北矿化度逐渐升高。其中，银南河西（青铜峡）矿化度 0.32—1.52 g/L（平均值约 0.88 g/L），银南河东（青铜峡、利通区、灵武）矿化度 0.54—4.77 g/L（平均值约 1.25 g/L），银川、永宁、贺兰矿化度介于 0.44—6.56 g/L（平均值约 1.55 g/L），石嘴山市（银北灌区）矿化度 0.39—5.07 g/L（平均值约 1.84 g/L）。深层地下水（承压水）补给量少、水质好，主要作为城市生活用水水源。除银川市南郊水源地氨氮超过《地下水水质标准（GB/T14848–93）》Ⅲ类标准，石嘴山第四水源地、吴忠市金积水源地与海子峡水库水源地因地质原因导致个别监测指标超标，监测的宁夏境内作为饮用水源的水质均符合《地下水水质标准（GB/T14848–93）》Ⅲ类标准。这表明，宁夏浅层地下水水质具有明显的纬向分带性，即自南向北逐渐升高，部分地下水受到一定污染；深层地下水基本未受到污染，水质较好。

二、宁夏水体污染源

影响水体质量的因素很多，按污染物的成因，可归纳为天然污染源和人为污染源两种。天然污染源包括降水的来源、水体所处的地理环境和自然条件、泥沙等。人为污染源主要来源于工业废水、城乡居民生活污水、医院废水，以及工业废渣和生活垃圾等点源污染，还有农业、林业、牧业等大量施用化肥、农药等形成的面污染源。

（一）天然污染源

随着工业化和城镇化水平的加快，江河湖海等水体受到不同程度的污染，伴随蒸发—凝结作用、溶解—交换作用、下渗作用等，使大气降水中污染物的种类及浓度不断增加，主要包括悬浮沉积物、氟利昂、硫化物、氮氧化物、细菌和有毒污染物等；加之在风力作用下，降水云团可移动的范围广，致使受污染的降水云团形成的降水直接污染当地地下水和地表水，并对下垫面的植物、建筑等产生破坏。降水径流流经不同的下垫面，裹挟大气与地表不同下垫面的各种污染物，致使降水中化学需氧量（COD）、总氮（TN）、总磷（TP）等污染物浓度大大超过国家地表水Ⅴ类水质标准，使降水及降水径流污染成为水体污染源之一。2017 年，宁夏降水总量 171.766 亿立方米，折合降水深 332 毫米；多年平均年径流量为 9.493 亿立方米，平均年径流深 18.3 毫米，是黄河流域平均值的 1/3，是中国均值的 1/15；2017 年，全区年径流量 8.653 亿立方米，年径流深 16.7 毫米，较多年平均减少 8.8%。由此可见，宁夏的降水直接污染及径流污染是不容忽视的一项水体污染源。

水体所处的地理环境和自然条件受到污染，成为水体天然污染源之一。一是从地貌类型看，宁夏南部以流水侵蚀的黄土地貌为主，中部和北部以干旱剥蚀、风蚀地貌为主，地貌类型齐全。宁夏中部有两大地貌单元，即东部的鄂尔多斯台地和西部的宁夏中部山地及山间盆地，位于黄土高原西北边缘丘陵地带，面积 2.06 万平方千米（占全区总面积的 31.0%）。宁夏的山地有贺兰山、六盘山、卫宁北山、牛首山、罗山、青龙山等，海拔 1500—3500 米，属中低山地，面积为 1.39 万平方千米（占全区总面积的 20.9%）。在自然状态下，由于气候、地貌、基质和生物等的共同作用，形成不同的土壤类型。降水、地表水、地下水等不同水体或埋藏或赋存或流经不同的地层或下垫面环境，在下渗—蒸发、水体与岩体的离子交换等作用下，对水体离子含量产生重要影响，即当水体流经含盐量高的地区使得水体的浓度值增高、当水体流经受污染的地区使得水体亦受到污染。二是 2017 年，宁夏治理水土流失面积 915 平方千米，经过多年综合防治及恢复，目前，宁夏水土流失面积为 1.96 万平方千米（其中，水力侵蚀 1.39 万平方千米，风力侵蚀 0.57 万平方千米），南部以流水侵蚀的黄土地貌为主，中部和北部以干旱剥蚀、风蚀地貌为主，水土流失治理程度 46%，计划 2018 年全区治理水土流失面积 800 平方千米以上，实施生态保护 1200 平方千米。如若水土流失地区土壤受到污染，就会造成水体携带的污染物增加，并对下游地区的工农业生产和人民生活产生影响。三是宁夏属典型的内陆干旱气候区，全年降水量小而蒸发量大，加之人类不合理的利用水资源，使得土壤盐渍化问题比较严重。沿黄河自南向北盐渍化耕地面积逐渐增加，卫宁灌区盐渍化耕地面积占宁夏引黄灌区盐渍化耕地面积的 11%，当降水及地表水流经盐渍化区域，使得水体的盐度增加，进而对当地地下水和下游的水体造成污染。

（二）人为污染源

水体的污染以人为污染为主，而人为污染主要包括工业废水的排放、城镇生活污水的排放及农业面污染源等。根据《宁夏统计年鉴 2017》，宁夏全区工业废水排放量 12194.2 万吨（较 2015 年降低 25.8%），城镇生活污水排放量 21745.9 万吨（较 2015 年增加 39.6%）；COD 排放量为 12.0 万吨（较 2015 年降低 43.1%），其中，工业废水中 COD 排放量 2.1 万吨（较 2015 年降低 69.1%），农业 COD 排放量 5.0 万吨（较 2015 年降低 51.0%），生活污水及其他中 COD 排放量 4.9 万吨（较 2015 年增加 19.5%）；氨氮排放量为 0.9 万吨（较 2015 年降低 43.7%），其中，工业废水中氨氮排放量 0.2 万吨（较 2015 年降低 71.4%），农业氨氮排放量较 2015 年降低约 0.2 万吨，生活污水及其他中氨氮排放量约 0.7 万吨（与 2015 年持平）。以上数据显示全区水体污染物含量明显降低，表明宁夏水环境质量明显改善。

产生水污染的主要原因包括：一是对水污染的认识不足。政府的决策失误和个体不合理利用资源，导致水循环系统和生态系统被打破，致使水体自净能力下降。二是过度开垦、过度放牧、乱砍滥伐等不合理利用自然资源，致使宁夏土壤盐渍化、水土流失、土地荒漠化等问题严重，进而增加水体中的悬浮物总量，影响水源的调节能力。三是宁夏可利用水资源短缺，而人口增长速度较快，经济和社会各项事业迅速发展，致使水资源的供需矛盾尖锐，超出水资源的承载力。四是工业废水处理率低、排放不达标，是造成宁夏水体污染的主要原因之一。五是城镇生活污水排放，是造成宁夏水体污染的另一重要原因。六是生活垃圾、种养殖产生的废弃物、农作物秸秆等废物向河道、渠道等水体倾倒、堆放，是造成宁夏河道、排水沟等水体污染又一重要因素。七是农药、化肥等农业面源污染，经下渗污染地下水，或经沟渠、河道污染受纳地表水。八是城市地表径流污染。自 20 世纪 60 年代中期，众多学者就发现城市地表径流是城市内河水体的主要污染源之一。

三、水环境治理措施及建议

宁夏社会经济发展，关键在"水"，要通过节水、水资源调配、系统治理、激活市场、深化水务服务等措施化解制约水生态文明建设的问题，打好宁夏生态文明建设基础。

（一）深化依法治水

根据《全国地下水污染防治规划（2011—2020 年)》（环发〔2011〕128 号)，结合宁夏实际，制定《宁夏回族自治区水污染防治工作方案》（宁政发〔2015〕106 号)，并制定各市县短期及中长期水污染综合防治规划。各市县要以工业及生活污水防治为重点，以饮用水源地保护为核心，以科技、人才、排污设备投入为主要手段，以各水体水质改善和水功能区质量达标为阶段目标，深入推进宁夏的水污染综合防治。

保障黄河水环境安全是水环境保护工作的关键，加大资金投入，组织有关市县指导编制银新干沟、四二干沟等 13 条重点入黄排水沟综合整治实施方案。实施水污染物总量控制和排污许可证制度。加大污染排放超标惩治力度，倡导企业谁污染谁治理。加强执法监管，建立"寻源治理"机制，开展专项整治，改善全区水环境质量。完善水资源开发利用与保护长效投入机制、科学决策机制、政绩考核机制、责任追究机制，落实"党政同责，一岗双责"，实行领导干部生态环境损害责任终身追究制度。建立和完善清洁生产激励机制，推动企业实施清洁生产，鼓励企业开展争创环境友好企业和清洁生产先进企业。

（二）深入推进工业污水治理

自治区党委、政府及相关部门通过重点行业专项整治行动，全面控制工业污染。一是发展绿色经济，实现清洁生产。调整经济结构，大力发展低耗能低排放高效益的产业，鼓励企业加大现代科技投入实现燃煤、造纸、氮肥、印染、制药和制革等行业的清洁生产技术改造，积极鼓励、引导企业发展循环经济和绿色经济，实行清洁生产。二是推进工业园区污水处理设施建设和提标改造。在全区 31 个省级及以上工业园区内配套建设污水集中处理设施，并达到一级 A 排放标准，配套安装自动在线监控装置，实现工业园区污水的全收集、全处理。提倡废物利用节能降耗，杜绝跑、冒、滴、漏和污染事故。三是建立严格的环境准入制度。加大对新、改、扩建工业项目的监管力度，从源头上控制新增污染源。提高重污染行业的准入门槛，切实做到增产不增污。四是加强黄河支流、重点湖泊、入黄排水沟等水体的综合整治。推行河长制，综合整治黄河支流、入黄排水沟、重点湖泊、城市黑臭水体，全面取缔企业直排口，严禁在河道干流和主要支流控制线内开发工业项目，进一步提高黄河宁夏段水质，确保黄河水环境安全。运用人工湿地、滩涂等处理排水沟入黄口的污水，发挥自然生态排污作用。五是实施流域系统一体化治理。强化黄河宁夏段的综合治理，强化固原"五河"（渝河、葫芦河、清水河、泾河、茹河）的生态综合治理，实施"一河两湖"（星海湖、沙湖、典农河）一体化治理，加大对阅海、鸣翠湖等重要湖泊的生态保护力度。

（三）水资源结构调整与开发利用并重，坚持节水优先

一是落实最严格水资源"三条红线"管理，要把用水总量控制及水耗指标纳入自治区机关、市县效能目标管理和生态文明建设考核体系，强化源头严防、过程严管、后果严惩，新上生产用水项目都要以水权转换方式解决，努力将农业上节下的水转向工业用水，确保生活用水。二是推动引黄高效节水现代化生态灌区建设，全面提升水资源保障能力和利用效率效益；建设西海固地区脱贫引水工程，推动沿黄生态经济带产业和银川市、中卫市等城市备用水源供水工程，实施水质提标行动，努力解决脱贫和发展用水问题。三是大力实施"农业节水领跑、工业节水增效、城市节水普及、全民节水文明"四大节水行动，节水和开发利用并重。在农业节水方面，要大力发展以滴灌、喷灌为主的高效节水灌溉，支撑集中连片、规模化推进硒砂瓜、枸杞、酿酒葡萄等现代节水农业产业发展；在工业节水方面，重点实施高耗水行业节水技术改造，新上企业要全部配套节水新工艺；要推进县（市、区）开展节水型县（市、区）达标建设，加快阶梯水价覆盖面。

（四）加快水行政管理职能转变，提升水务服务能力

一是加强水资源无序开发、违法违规排污、侵占河湖水域岸线、人为水土流失、河道非法采砂、河湖水环境污染、水生态破坏等重点领域水行政综合执法。二是深入研究新形势新要求下的涉水规划体系框架，推进涉水规划的规范化、统一化和协调化。三是推进国有水务工程管养分离，建立职能清晰、权责明确的水务工程管理体制，建立管理科学、经营规范的水管单位运行机制。四是完善基层水务服务体系建设，建立基层水务服务体系管理考核奖补机制，促进基层水务服务规范化建设。

（五）加强水情教育，营造全社会人水和谐的文化氛围

把水文化传承作为水生态文明建设的重要组成，以文化营造氛围，以产业推动发展，形成具有宁夏特色的水文化体系，营造全社会人水和谐的文化氛围。一是挖掘与传承传统特色水文化。开展特色水文化挖掘，加强对记录宁夏水文化发展史的诗文、碑记以及神话传说等非物质水文化遗产的宣传、展示、保护与利用，挖掘宁夏兴水治水历史中的名人历史，汲取智慧，弘扬治水精神。二是加强现代水文化体系建设。充分利用各类媒体，加强水务新闻宣传工作，及时全面宣传中央和省市有关涉水方针政策和战略部署，总结、推广基层经验，营造良好舆论氛围。三是深入开展水文化研究。要联合区内外研究机构、高校、民间文化机构，深入开展宁夏水文化和黄河文明研究，将水文化与宁夏的社会经济发展结合起来，与酿酒葡萄、枸杞、羊绒、硒砂瓜、黄花菜、马铃薯等特色产业发展结合起来，不断拓展水文化内涵和价值。

宁夏林业支持乡村生态建设研究

张仲举

党的十九大提出实施乡村振兴战略，并将其列入国家"七大战略"之一，这是国家对现有"三农"问题的重大创新。林业作为改善乡村生态和产业振兴的主力军，全力支持乡村生态建设，加快构建农业农村现代化。

一、林业支持乡村生态建设基本情况

（一）坚持高位推动，持续推进乡村生态环境持续改善

自治区在空间规划中确立了生态优先、科学发展的总基调，全力推进生活、生产、生态空间和生态保护红线、永久基本农田、城镇开发边界"三区三线"划定工作，全区划定生态空间 5100 万亩，占国土面积的 65.4%，林地 2340 万亩，划定生态保护红线 1930 万亩，占国土面积的 24.8%，实现全区生态空间保有量最大化，为乡村绿化美化拓展了空间。自治区党委、政府联合印发了《宁夏美丽乡村建设实施方案》，制定美丽小城镇和美丽村庄建设标准，明确提出实施村镇美化、乡村绿化和文明创建等"八大工程"，统筹推进美丽乡村建设。截至 2017 年，全区 4545 个规划村庄的 50%以上达到美丽乡村建设标准，乡村绿化美化上了新台阶，实现了田园美、村庄美、生活美。2018 年，自治区党委、政府再次印发了《落实生态立区

作者简介　张仲举，宁夏国有林场和林木种苗工作总站工程师。

战略推进大规模国土绿化行动方案》，提出实施重点工程造林绿化和城乡环境绿化提升等"七项行动"，明确今后 5 年完成营造林 500 万亩的目标任务，为乡村美化绿化注入了新动力。自治区林业和草原局印发了《全区推进乡村振兴战略林业行动方案》，明确提出实施以创建美丽家园为目标的乡村绿化美化、以实现灌区高标准农田防护林全覆盖的农田林网提升、以打造"四大产业带"绿色富民等"六大行动"方案，着力改善乡村人居环境，打造西部绿色生态高地。

（二）坚持分区施策，开创乡村绿化美化新局面

绿化美化乡村，项目是支撑，资金是保障。自治区突破传统补贴造林模式的局限，启动实施的自治区国土绿化"四大工程"，每年自治区财政投资 4 亿元，带动各市、县（区）投资 2.5 亿元以上，全区营造林走上了工程化管理的路子，探索出了宁夏工程化造林的新模式。引黄灌区平原绿网造林绿化提升工程，亩均投资 2500 元，公开招投标，一包 3 年，造、管、养一体，工程坚持新建与改造并举，树随路栽，绿随沟建，林随田织，建设大网格、宽带幅、高标准防护林体系，两年营造林 16 万亩，打造"塞上江南"的农村新风貌。在六盘山降水量 400 毫米以上区域全额投入，按 1000 元/亩的标准，实施精准造林绿化工程，两年营造林 132 万亩，着力提高森林覆盖率，构建乡村绿化大框架、大背景。开展南华山外围水源涵养林建设工程，以南华山、月亮山主脉为中心，大力实施封山育林和人工造林，重点打造沿山美丽乡村，完成营造林 14 万亩，为山区乡村绿化美化添新景。启动同心红寺堡文冠果生态经济林建设工程，在中部干旱带地区重点发展抗旱生态经济林，实现乡村绿化和农民增收"双丰收"。大力实施乡村振兴战略，开展城乡增绿环境优美行动。结合生态移民迁入区和美丽村庄建设，引导农村田间地头造林增绿，巷道庭院植绿、道路护绿，房前屋后见缝插绿，建设一批绿色生态村庄。加大通道绿化力度，重点在高铁、高速公路、国道省道两侧建设宽幅林带，着力提升绿量，打造绿色通道生态景观带。

（三）坚持发展民生产业，顺应人民群众对优质生态产品的新需求

乡村绿化美化，宜居是基础、富民是目的。以枸杞原产地中宁县为龙

头，带动清水河两岸和贺兰山沿山地区，做大做强枸杞产业，实现乡村增绿农民增收"双赢"。大力发展特色经济林，灵武红枣、中卫苹果和彭阳红梅杏，已成为当地主导产业，实现了产业强、乡村美、农民富。仅 2018 年，全区 1.5 万建档立卡户为乡村绿化提供苗木近 2000 万株，12 万人次脱贫人口参与国土绿化，让当地贫困户挣造林的钱，带动了农户参与国土绿化的积极性，绿了田野，美了乡村，富了农民。每年选择 1000 户生态护林员发展庭院经济，每户种植 30 株以上的生态经济林，探索建立生态护林员脱贫长效机制。进一步提高经济林树种比例，为乡村美化绿化增添后劲。

二、存在问题

（一）乡村绿化美化任重道远

多年来，南部乡村绿化一直围绕荒山造林和退耕还林为重点，乡村通道绿化、乡村公园以及乡村庭院绿化几乎没有人力、财力和物力涉足，乡村绿化美化严重不足，绿量不足，质量不高。灌区围绕高标准农田林网和主干道路绿化，乡村道路绿化和庭院绿化质量不高，层次不齐，农村绿化美化距离社会主义新农村和提供生态产品的要求还有很大的差距。

（二）林业专业人才队伍严重匮乏

全区共有市级林业技术推广服务中心 5 个、县级林业技术推广服务中心 22 个，乡镇林业站人员老龄化严重、年龄断层明显。据调查统计，全区基层林业站现有人员编制 1216 人，在编职工 1081 人，现有专业技术人员有 824 人，占职工总数的 76.2%。其中，高级职称 239 人，占专技人员总数的 29.0%；中级职称 356 人，占专技人员总数的 43.2%；初级职称 229 人，占专技人员总数的 27.8%。127 人长期处于借调。全区 90 个国有林场在编3056人，31—49 岁有 2010 人，占总人数的 66%，50 岁以上有 864 人，占总人数的 28%；高级工程师以上 178 人，仅占总人数的 55%，工人等其他人员 2123 名，占总人数的 69%。

（三）林业产业薄弱，发展动力不足

全区林产业重点集中在枸杞、葡萄、红枣和苹果四大产业中，而四大产业中绝大多数基地依然是龙头企业、大户和专业合作社的，农民自有基

地比重较低，而且发展质量不高。林下经济、乡村生态旅游发展刚刚起步，而且认识还不统一，仍处于探索阶段。森林人家、森林村庄和森林小镇处于试点阶段，缺乏配套的建设和评比标准。

（四）乡村生态旅游同质化竞争严重

目前，乡村生态旅游绝大多数还是以农家乐为主，比如固原市的山花节经过了几年的发展具备了一定规模，但依然面临受益时间短、产业效应不明显、缺乏各自特色等突出问题，市场的吸引力还不足，产业带动不明显。区域古镇古村破坏很多，缺乏应有的保护和利用，美丽乡村和美丽小城镇依然逃不了城市化进程的模式，导致千篇一律，缺乏自身特色和文化底蕴。

三、林业支持乡村生态建设的可选路径

生态振兴是基础，是乡村振兴的总纲，切不可实行先发展后治理，唯有牢固树立和践行绿水青山就是金山银山的理念，落实节约优先、保护优先、自然恢复为主的方针，统筹山水林田湖草系统治理，严守生态保护红线，以绿色发展引领乡村振兴。

（一）扎实做好乡村振兴规划

乡村绿化美化要围绕区域乡村振兴总体规划，力求总规划与单项规划相统一。强化林业在实施乡村振兴战略中的主力军作用，按照"多规合一"总体要求，高度重视规划的前瞻性、可行性研究，科学编制本地区乡村振兴规划或实施方案，明确具体的思路、目标和任务，细化实化政策措施，增强可操作性。建立规划实施和工作推进机制，加强政策衔接和工作协调，整合农业农村相关项目，实现山、水、田、林、路综合治理，打造生态治理示范点，实现以点带面，多点联动。借鉴宁夏彭阳县等生态建设经验，坚持山、水、田、林、路统一规划，以小流域为单元，以荒山、沟道治理为重点，形成山顶草灌戴帽，山坡梯田缠腰，田埂路旁植树，山下发展林草的水土流失治理新格局。

（二）全面启动大规模乡村绿化美化工程

要进一步总结宁夏绿化美化经验，找准乡村绿化美化切入点，大力推

广"三个一批"、专业造林队、贫困户包干造林等模式，切实解决好区域农民就业和造林用工短缺的问题，全面提高造林质量，提升乡村绿化美化水平，提高农村森林覆盖率。

1. 发展好环村片林和景观通道绿化

要优化林木布局，重点推进乡村路边、水边、房边绿化美化。因地制宜建设乡村风景林、水源涵养林、防风固沙林、农田防护林、水岸林和景观观赏林，打牢乡村绿化底色。对乡村主干公路、渠系、铁路等沿线，发展多层次多景观通道绿化，结合产业发展，构建丰富多样的乡村景观。

2. 打造高标准宽林带农田林网

依托引黄灌区平原绿网提升工程，坚持新造改造并重，树随路栽，绿随沟建，林随田织，建设大网格、宽带幅、高标准防护林体系，打造阡陌纵横、田地规整、林网密布、湿地星罗、林带美观、视野开阔的高标准农田防护林。积极探索"谁栽植、谁拥有"林网建设新机制，调动农户参与农田林网建设积极性，确保农网后续有人管。

3. 发展乡村休闲森林公园

统筹规划乡村空地及闲置土地，因地制宜利用村集体土地发展，预留好生态林业建设用地，建设一批供农民休闲娱乐的乡村绿地，建设乡村"小微公园""生态文化广场""乡村小微休闲湿地公园"，提升农村生态文化品位。让农民周边人居环境得到有效改善，让农民享受到绿色生态产品。做到四季常青、三季有花，改善居民生活环境，建成特色鲜明、环境优美、富裕和谐的生态乡村。

4. 打造一批森林人家和森林村庄

森林人家建设最根本的就是依托优良的自然生态优势和扎实的林业特色产业基础，引导大力发展休闲养生和观光旅游产业，走"生态、养生、健康"之路，致力于打造一个能为居民和游客提供身心双养的森林养生地。以森林人家项目为带动，以乡村自然生态环境为基础，打造森林村庄或森林小镇，以文化发掘为亮点，以休闲养生为主线，打造集休闲农家体验、森林氧吧、森林穿越徒步等为一体的生态休闲旅游目的地。

（三）保护好乡村森林资源

对乡村内的自然资源，严格保护，保护好乡村自然生态系统，确保其原真性和完整性，对区域范围的古镇古村，尤其有文化底蕴的古镇古村，要结合古树名木的保护，发展完整的乡村生态旅游。要加快实施森林质量提升工程，对主干道和水系两侧、村庄周边、重点景区、景点周围等开展林相改造和景观提升，采用补植珍贵树种或彩色树种等方式，着力建设景观优美、林相优化、生态优良的彩色健康森林，并加强对具有一定历史、文化内涵和景观效果的森林群落、古树名木、森林古道的保护和利用，努力提升森林资源质量，改善人居环境，确保全区森林休闲养生产业从原来的"炒土菜、卖山货、看风景"向"卖生态、卖体验、卖文化"的更高层次转变。

（四）做强做大乡村林产业

林业在乡村产业振兴上具有重要的作用，充分挖掘绿水青山背后的金山银山，发展"绿色经济""美丽经济"。借助乡村振兴战略的历史机遇，优化现有种苗产业，支持选育一批特色经济林品种、困难立地造林品种和园林绿化品种，积极引进优良品种。加快发展乡村生态旅游，在现有农家乐的基础上，选择成熟区域建设一批健康与产业融合发展的森林休闲养生示范点。强化科技支撑，培育壮大林业企业，推进林业传统产业转型升级，培育新型产业，推行标准化生产，打造优质品牌，保护地理标志产品，围绕一树、一果、一花、一草，做好"一地一品"特色文章，形成规模和品牌效应。

（五）彻底解决基层林业专业人才严重匮乏的问题

要想方设法吸引林业专业技术人才下沉。处理好体制内与体制外的关系，解决好同工不同酬问题。通过"三支一扶"和宁夏农林院校定向培养和就业解决好国有林场、基层林业站人才短缺局面。

（六）加快构建农村专业技术社会化服务机构

要在做好服务的基础上，全面加强生态文化的宣传，解放农民思想，让生态文化扎根百姓人家，让植绿护绿成为村民的自觉行动。在农民专业合作社的基础上，整合优化现有服务体系，深化基层林业技术推广体系改革，积极推进林技推广方式方法创新，大力培育发展林业专业化服务公司和林业合作社，为林业生产经营提供各种专业化服务，积极引导和支持龙头企业、专业合作社主持或参与承担林业科技项目。

（七）推进农村林业体制机制改革

要进一步积极稳妥地调整林业生产关系，引导林地经营权股份化流转，推行"保底+分红"的利益分配机制，探索建立林地入股流转奖补政策，完善三权分置机制，落实集体所有权，稳定农户承包权，放活林地经营权，培育壮大新型林业经营主体，提升林业经营水平和综合效益。加快实施林地经营权流转证制度，扩大林地经营权流转证发放范围，调整发证条件，简化发证程序，把经营权流转证作为办理林权抵押、林木采伐和其他行政审批等事项的权益证明，维护林权流转双方的合法权益。放活使用权和收益权，在不改变公益林林地用途和性质的前提下，公益林森林、林木、林地使用权和补偿收益权可以依法流转。

绿色篇
LÜSEPIAN

推进宁夏绿色低碳发展研究

刘雪梅

宁夏回族自治区第十二次党代会提出，通过大力实施生态立区战略，深入推进绿色发展，打造西部地区生态文明建设先行区。高质量发展需要考虑生态社会等各方面的效应，绿色发展是中国发展的必然选择。宁夏作为欠发达地区，在产业转型升级的过程中，要取得后发优势，更需要立足绿色低碳发展。

一、宁夏绿色低碳发展面临的严峻挑战

宁夏经济实力整体偏弱，经济新常态下，尽管宁夏的经济增长速度超过全国平均水平，但是宁夏 GDP 单位能耗值高于全国平均水平，从高速度转向高质量发展的过程中，宁夏的产业升级难度比较大，还存在不少的制约因素。

（一）宁夏产业结构不太合理，GDP 单位能耗高

近年来，宁夏的第一、二产业占比均有所减少，但减幅较低。从全国服务业占比越来越高的结构比较中看，宁夏产业层次低，产业结构不太合理，第三产业（占比为46.6%）在 2017 年首次超过第二产业（占比为45.8%），居三产的首位，但增幅还是较低。第二产业的重工业增速超过轻工业，

作者简介　刘雪梅，中共宁夏区委党校经济学教研部副教授、经济学博士。

2017 年宁夏规模以上工业增加值中，重工业增长 9.9%，轻工业增长只有 1.8%。宁夏能源消费结构和生产结构都主要以煤炭为主，占比大大超过全国的平均水平，低碳能源资源有限，宁夏不大量生产有需求的天然气，"高碳"产业占主要的统治地位，宁夏经济对能源资源的依赖度一直很大。宁夏产业结构中能源消费的主要是工业，在全国的工业能耗平均水平下降的情况下，宁夏工业的单位 GDP 能耗值下降非常慢，GDP 能耗降低率 2015 年上升 1.2%、2016 年下降 4.3%、2017 年又上升 7.65%，煤炭消费在能源消费结构中占绝对主导地位，工业生产技术水平比较落后，污染排放总量连年提高，造成对生态环境的破坏。"高碳"产业的"发展排放"和低碳技术的不完善不发达，成为制约宁夏产业转型升级和可持续发展的重要因素。

（二）生态环境益发脆弱，绿色发展政策落实不到位

2017 年，宁夏回族自治区第十二次党代会提出生态立区战略，可以说在顶层设计上，宁夏已经引领了绿色发展。但是近年来，宁夏的生态环境还是有更加脆弱的趋势，具体表现在：宁夏森林覆盖率低（只有 12.63%，比全国平均水平低 9.03%）、宁夏水资源循环利用率低和污染严重、光能风能的利用率低、工业企业对治理污染的投入不够、农作物秸秆没有充分利用、农用化肥和农药施用过量和不合理、施肥技术落后、土壤覆膜残留严重、环境污染的治理措施跟不上等，这些充分说明绿色发展的政策和制度的执行力不够、落实不到位。加上城市和工业"三废"的大量排放，更加剧了对宁夏生态的破坏，使得原本资源环境的承载率极其脆弱的生态环境更加告急。

（三）从供给侧看，绿色发展的要素保障机制不给力

绿色低碳发展的要素保障包括人才、资金、土地、技术和制度等，而宁夏绿色低碳发展的要素保障不完善。一是绿色低碳技术水平落后仍是制约宁夏低碳经济发展的突出障碍。作为经济欠发达省区，宁夏经济由"高碳"向"低碳"转变的最大制约，是整体绿色低碳的科技水平落后、技术研发能力和资金投入有限。二是从高碳经济发展向低碳经济发展转变，需要大量的资金投入，宁夏的科技研发投入水平偏低，这也是宁夏发展的短板之一。三是绿色低碳的人才欠缺、低碳意识的缺乏以及企业家的绿色低碳精神不够都制约了宁夏绿色低碳产业的发展。四是绿色低碳发展的体制机制还不健全，特别是绿色发展的监管制度还不完善，反馈和跟踪机制不健全。近些年来宁夏的环境问题突出，水资源污染严重、大气质量下降、土壤覆膜残留多等问题没有及时解决，绿色低碳发展的监管机制不完善，没有发挥应有的作用。

二、以绿色低碳发展推动形成宁夏产业升级新模式

基于宁夏经济发展的短板和制约因素，只有立足于绿色低碳发展，产业升级才能找到突破口，才能完成从高速度发展到高质量发展的蜕变。

（一）优化产业结构，培育绿色低碳产业体系

优化产业结构需要合理调整三大产业的比例，一方面加快改造升级传统高碳产业和相关产业链，全面改造和调整高耗能、高污染、低产出的企业，另一方面需要以绿色低碳技术为支撑，大力发展绿色农业、绿色工业和绿色服务业，推动三大产业的全面绿色低碳化发展，培育形成比较完备的绿色低碳产业体系。做好绿色农业，需要提高农业主体的绿色低碳意识、推广有机绿色农产品、提高绿色农产品的附加值、做好产品溯源机制建设、培育新型农业发展主体、推进农业科技创新和转化等，从生产端、技术端、市场端和销售端等全过程入手，贯穿绿色低碳发展理念；做好绿色工业，需要创造绿色工业发展的市场环境、推广绿色生产和绿色产品标志、推进能源一体化管理和实施"生态能源战略"计划、优化工业布局、加大绿色基础性技术研发和资金支持等；做好绿色服务业，需要挖掘现代服务业的发展潜力和发展空间，特别是要培育生产型现代服务业，发展壮大创新中介服务组织和平台等，更好地为宁夏实体经济发展提供高质量服务。

（二）加快科技创新，推动绿色低碳高新技术产业集聚

制定严格的排污税费、技术标准以及低碳补贴等政策，通过征收资源环境税等措施，激发和提高企业对绿色低碳技术及产品的应用需求，提高绿色低碳企业的自主科技创新能力。要营造公平的市场环境，完善低碳技术科技创新服务体系和平台建设。大力引导发展低碳环保节能产业，打造

宁夏绿色高新技术产业集聚地，通过产业集聚吸引更多的高新技术企业，完善宁夏绿色低碳产业链。

（三）加大低碳技术研发，搭建低碳技术服务平台

发展低碳技术是解决宁夏能源结构不合理和效率低下、提升工业生产技术和能源利用效率的关键。要加大低碳技术市场机制的培育，低碳技术从研发到最终成果转化，不仅需要大量的资金和技术投入，还需要各种社会资源的支持、协调和配合，这就需要以政府为主导，鼓励科研院所和生产企业、投融资机构以及市场终端等多方参与，搭建面向全社会、服务中小企业的低碳技术服务平台，鼓励建立绿色低碳环保产业技术协会和技术联盟。通过完善健全科研成果转化的市场机制，促进绿色低碳技术的研发和高效转化，推动宁夏绿色低碳经济的高效循环发展。

（四）严格控制市场准入，推进不符合绿色低碳发展的企业全面淘汰或转型升级

全面贯彻落实国家和宁夏回族自治区的相关法律和政策，严把市场准入关，加快严厉整顿"高碳"企业，加快不符合环保标准的企业的转型或淘汰，强化环保约束，严格执行节能环保法律法规，做好相关的保障工作。采取最严厉的环保措施和政策，出台绿色低碳产业目录，出台禁止、限制和淘汰产业的负面清单，健全用水权、碳排放权、排污权和用能权等分配制度，通过完善市场调节机制，倒逼企业加大治污投入和加快科技创新推进产品升级，提高企业绿色低碳发展的技术支撑能力，实现更高质量的可持续发展和升级。

（五）整合优化工业园区（开发区），完善绿色产业布局

宁夏的工业园区（开发区）整体布局经过 2018 年的最新调整更加合理，但是有些园区同质化严重、污染严重，需要全面整顿，要站在全区的高度统一谋划、规划和协调，充分发挥各市县的优势，提高工业园区（开发区）的生态水平，完善绿色产业布局，形成异质性差异化发展。首先，从整体层面规划推进和发展生态产业、生态工业园和生态城市等，不做重复性建设，避免区内的恶性竞争和资源浪费，打造绿色循环发展的工业园区（开发区）。其次，鼓励企业、园区以及行业间的原料互供、信息共享和

资源共享，充分利用绿色低碳环保技术，健全源头节约激励机制，提高能源利用效率，降低全过程的污染物排放和能源消耗。再次，做好环境综合治理工作，提高工业园区（开发区）的基础设施和产业配套水平，提升工业园区（开发区）的自我生态保护能力和水平。要优化制度环境，促进同类产业的集聚和整合，激励和引导企业自主创新、加大对节能减排和清洁生产等领域的投入，推动工业园区（开发区）的绿色低碳发展。

（六）建立绿色发展的评价指标体系，推动产业绿色转型

基于宁夏经济规模较小、产业结构不合理、资本和技术等要素不足等特点，需要根据科学性原则、可操作性原则、系统性原则和动态性原则，构建宁夏绿色发展评价指标体系，主要包括经济效益、绿色生产、环境质量和行政管理4个一级指标，分别计算出各个指标的权重，实行实时监测管理。在高质量发展阶段实现产业绿色转型，还需要落实四大保障，打造以政策扶持为依托、以科技创新为支撑、以提升社会绿色管理为重要手段、以多元参与主体为载体的产业绿色转型新模式。政策扶持包括信贷扶持、税收优惠、财政补贴、区域协调和绿色核算等；科技创新包括信息平台建设、生产过程节能技术提升、工艺设备技术优化、全系统技术优化和再利用技术改造等；提升社会绿色管理包括加大基础设施建设、提倡绿色消费、实行污染物排放权交易和提高公共服务等；多元主体参与包括企业、园区、产业链条和区域等共同参与。通过这四大保障，真正形成产业共生、产业优化、产业升级和产学研合作的绿色转型模式。

三、提高全要素生产率，完善要素保障机制

提高全要素生产率，包括提高全要素的产出效率和配置效率两个方面。为推进宁夏产业升级的绿色低碳发展，完善要素保障机制可以从以下几方面考虑。

（一）推广"绿色＋互联网"，提升科技创新支撑能力和转化率

科学技术是第一生产力，大力发展绿色低碳产业，要大力发展绿色低碳技术，推动技术创新，提高碳生产力，推动产业升级。要大力开发和应用绿色低碳技术，降低高碳产业和相关产业链上的能源消耗，重视从产业

的源头节能减排，优化能源消费结构和提高能源使用效率。要提高科技创新的转化率，为发展绿色制造业、绿色农业等提供支撑，提高绿色产业的投入产出经济效率。深化资源和能源供给侧结构性改革，充分发挥大数据和物联网的作用，推广"绿色+互联网"，为绿色产业打开国际国内市场，最大程度地实现科技创新的市场价值。

（二）完善可持续发展政策反馈机制，保持政策稳定性和连续性，提升政策效率

可持续发展的绿色低碳产业政策包括事前引导政策、事中监管政策和事后跟踪反馈政策，是动态的、循环发展的，具有时代性和科学性。推进宁夏的产业转型升级绿色低碳化就必须推行绿色低碳产业优先发展的产业政策，完善与定期更新绿色低碳产业政策和标准，健全产业结构优化的政策体系，建立对产业的可持续发展评价体系和具体指标体系，定期跟踪和评价绿色低碳产业的发展情况，形成产业可持续发展的政策反馈机制，及时获取信息和发现问题，及早解决问题以便更新政策，确保政策的有效性和前沿性，充分发挥政策的调节和引领指导作用。要严格遵守国家的绿色发展的法律法规，健全和完善配套的绿色发展的法律体系，确保绿色低碳产业政策的强制性实施和连续性实施，充分发挥法律的引领和保障作用，形成宁夏的绿色治理新格局，做到真正提升政策的实施效率。

（三）完善绿色发展人才的引人、育人和用人机制，强化人才集聚效应

绿色低碳的技术人才、复合型人才和研究人才是推动绿色低碳发展的关键。要引进和培养与绿色发展相关的人才，做好绿色发展的人才储备计划。在宁夏高等院校中设置绿色发展的相关专业和课程，有计划地培育绿色发展的种子人才，确保宁夏绿色发展的人力资源和后备人才的充足。在制定人才引进政策时，要考虑突出宁夏的比较优势，强调为西部欠发达地区服务的情怀，突破时间和空间限制，吸引国际国内的高端人才为宁夏提供各种形式的灵活服务。

（四）推广绿色金融，拓宽产业升级资金来源，提高资金利用率

宁夏的绿色低碳发展存在资金的制约问题。要创新绿色低碳发展的融资方式，成立绿色低碳发展产业基金，高效运行产业基金，为绿色低碳产业发展提供优惠的金融支持政策。推广绿色金融，建立和健全绿色金融服务体系，为绿色环保企业制定专门的金融优惠政策，引导资金流投向低碳环保产业特别是技术开发产业。坚持金融为实体经济服务的宗旨，开辟和拓宽产业升级的资金渠道，提高绿色产业资金的使用效率，充分发挥宁夏有限资金的最大用途，做好金融风险防范。

（五）完善创新要素市场，加快要素自由流动，优化要素配置

要素的自由流动和高效配置是绿色低碳产业发展的重要支撑，不仅要推动单个要素的产出效率，更要打好要素组合拳，提高要素组合的倍增效应。要健全完善宁夏的技术市场、人才市场、资本市场和碳排放权交易市场等，推进制度改革配套，提高政府的行政效率，允许各要素的充分自由流动，充分发挥要素组合的最大效率，为宁夏产业转型向绿色低碳发展提供最优效率的要素配置和要素组合，提高产业升级发展的规模效率。要创新发展绿色农业的要素市场，吸引各种要素流入农村市场，提高农村要素效率和组合配置效率，为实施乡村振兴战略充分发力。

宁夏大力发展绿色制造研究

王玉琳

党的十九大报告指出，要加快建设制造强国，加快发展先进制造业。与世界先进水平相比，中国制造业仍然大而不强，在自主创新能力、资源利用效率、产业结构水平、信息化程度、质量效益等方面差距明显，转型升级和跨越发展的任务紧迫而艰巨，大力发展绿色制造对促进宁夏产业结构调整和转型升级具有重要意义

一、宁夏大力发展绿色制造的必要性

（一）发展绿色制造与自治区加快发展制造产业、着力推进产业转型发展的重点工程紧密结合

自治区党委、政府高度重视制造业发展，先后制定出台了产业结构调整、重点项目推进、扩大内需、促进消费等政策，在这些重要举措的拉动下，全区制造业实现了快速发展，取得了较好业绩，同时也存在着产业总体比重不高、规模不大、高耗能、高污染、重点骨干企业市场竞争力不强等诸多问题，直接影响了产业的快速可持续发展。自治区十二次党代会提出，要着力推进产业转型发展，要坚持向高端化、智能化、绿色化方向改造提升，推动传统制造向绿色制造方向高质量发展。为更好地引导企业做

作者简介　王玉琳，宁夏清洁发展机制环保服务中心高级项目经理、助理工程师。

强、做优，发挥制造业对全区经济社会发展的支撑作用，促进宁夏产业结构调整和转型升级，加快制造业可持续发展、实现"工业强区"战略目标，发展绿色制造对加快建设发展制造产业可持续发展、促进产业结构调整和转型升级具有重要意义。

（二）发展绿色制造与自治区打好大气污染防治攻坚战的重大战略部署紧密结合

近年来，宁夏臭氧浓度持续上升，根据监测数据显示，2017 年臭氧平均浓度较 2015 年上升 15.6%，5 个地级市臭氧年平均浓度累计超标天数由 2015 年的 60 天猛增到 2017 年的 130 天。臭氧污染已成为影响宁夏环境空气质量优良天数比例指标的重要污染物之一，特别是夏秋季臭氧污染尤为突出。根据相关研究表明，臭氧是大气中氮氧化物（NO_x）和挥发性有机物（VOCs）两种前体物在太阳辐射作用下通过光化学反应生成的二次污染物，形成机理十分复杂，不同地区臭氧生成特征存在较大差异，控制效果受前体物减排比例、区域传输等因素影响较大。自治区党委、政府对臭氧污染逐年加重这一趋势高度关注，也充分认识到当前臭氧污染防治工作面临的严峻形势。为认真贯彻《中共中央国务院关于全面加强生态环境保护，坚决打好污染防治攻坚战的意见》，坚决打赢蓝天保卫战，有效控制臭氧污染，自治区制定出台《宁夏回族自治区"十三五"挥发性有机物污染防治工作方案》，印发了《关于做好臭氧污染防治工作的通知》（蓝天碧水办〔2018〕58 号），要求大力控制氮氧化物和 VOCs 排放，全面加强工业企业 VOCs 排放控制。通过发展绿色制造，大力推进制造业排放重点的综合整治，通过源头减排、清洁生产和末端治理等措施实施全过程 VOCs 管控，有效减少臭氧污染，对于自治区全面加强 VOCs 污染防治工作，打好大气污染防治攻坚战具有重要意义和支撑作用。

（三）发展绿色制造与自治区加快宁东能源化工基地建设，建好国家循环经济示范区的一号重点工程紧密结合

宁夏宁东能源化工基地是依托宁东煤田建设能源化工及相关产业集群的大型工业基地，自治区党委、政府将其列为一号重点工程，要求举全区之力开发建设。宁东基地通过构建煤制油、煤基烯烃、精细化工等一批特色产业集群，已经发展成为我国最大的煤制油和煤基烯烃加工生产基地，并成为我国 4 个现代煤化工产业示范区中规模最大、产值最高的园区。经过 15 年发展，到 2017 年年底，宁东基地已形成煤炭产能 9140 万吨，火电装机容量 1325 万千瓦，新能源装机容量 488 万千瓦，煤化工产能 2150 万吨。工业总产值达 1175 亿元，成为宁夏经济增长的主要动力源和稳定器。目前，宁东基地正在努力建设世界一流煤化工基地。探索资源消耗少、转化增值高、循环利用好的生产方式。虽然宁东基地在我国 4 个现代煤化工产业示范区中规模最大、产值最高，但是还存在不少短板：现代煤化工处于产业化初级阶段，产品结构单一，附加值较低；生态环境约束增强，"三废"综合利用水平不高等。自治区党委、政府提出，高标准、高水平推动宁东生态型工业园区建设，推动煤化工向新型煤化工产业绿色方向发展，建好国家循环经济示范区，打造技术领先、行业领军、世界一流的国家级现代煤化工基地。通过绿色制造，推动宁东基地实现更高质量更高水平的发绿色健康发展，实现生态改善、经济发展"双赢"的目标具有重要意义和作用。

（四）发展绿色制造与自治区推进生态立区战略、建设天蓝地绿水美空气清的美丽新宁夏的行动紧密结合

宁夏作为内陆资源型地区，由于资源和产业特点，形成了倚重倚能的产业结构，经济发展的"粗放、高碳"特征明显，高耗能、高污染严重，经济高碳特征明显，资源环境压力较大，经济可持续发展的能力较弱。自治区党委、政府和各相关部门高度重视节能减排和生态文明建设工作。但由于历史原因和区情特点，自治区的产业结构不合理，高耗能、高污染的问题仍然比较突出。宁夏单位 GDP 能耗是全国平均水平的 2.97 倍，是能耗最低的北京市的 6.36 倍，比能耗第二高的青海省高 12.8%。转变经济发展方式，加强生态文明建设的任务十分艰巨，环境污染防治与绿色发展的压力都很大。习近平总书记 2016 年来宁夏视察时指出，"要在绿色发展上用实招，深入推进生态文明建设，建设天蓝、地绿、水美的美丽宁夏。"对加快推进宁夏生态文明建设提出了明确要求。自治区党委、政府作出了生态立区的战略部署，强调要以更大的决心、更高的标准、更严的要求、更硬

的举措，深入实施蓝天、碧水、净土"三大行动"，全面推进生态立区新的实践，加快建设天蓝地绿水美空气清新的美丽新宁夏。通过绿色制造，开拓创新环境优化保护和有效利用模式，创造生产发展、生态恢复的多赢局面。注重源头减量，最大限度降低企业"三废"排放，是全面贯彻自治区"蓝天碧水·绿色城乡"专项行动的具体体现。

（五）发展绿色制造与积极应对气候变化紧密结合

近百年来全球气候正在发生以变暖为主要特征的变化，温室气体是当前全球气候变化的主要因素。在全球气候变化背景下，宁夏气温普遍升高，自1961年以来，全区平均气温上升了1.6—2.9℃，而仅2001—2015年全区年平均气温升高了1.1℃；降水明显减少，50多年年平均降水量下降28.6毫米，平均每10年减少5.7毫米；日照时数增加，50多年来，年均日照时数为2711小时，总体上呈略微增加趋势；气候变化致使农作物产量不稳、品质下降、病虫害加重，农业生产成本增加；极端气候事件频发，气温上升、降水减少，极端气候事件频繁发生；气候变化特别是高温导致人群发病率和死亡率升高，对人体健康不利影响增加。

党中央、国务院高度重视应对气候变化工作，把推进绿色低碳发展作为生态文明建设的重要内容，作为加快转变经济发展方式、调整经济结构的重大机遇。国家和自治区认真贯彻落应对气候变化和节能减排降碳等一系列工作部署，积极主动应对气候变化，编制实施了《中国应对气候变化国家方案》《"十二五"控制温室气体排放工作方案》《国家适应气候变化战略》《宁夏"十二五"应对气候变化规划》《宁夏"十二五"控制温室气体排放行动计划（2014—2015）》《宁夏"十二五"控制温室气体排放实施方案》《关于落实绿色发展理念，加快美丽宁夏建设的意见》《宁夏生态保护与建设"十三五"规划》等，加快推进产业结构和能源结构调整，大力开展节能减碳和生态建设。我国在向联合国提交的"国家自主贡献"中提出将于2030年左右使二氧化碳排放达到峰值并争取尽早实现，2030年单位国内生产总值二氧化碳排放比2005年下降60%—65%。

今后几年，是宁夏实现全面建成小康社会目标的决胜阶段，更是加快经济转型升级、推进生态文明建设的重要时期，发展绿色制造，以应对气候变化为契机，大幅降低碳排放强度，形成绿色低碳发展的倒逼机制，推动经济社会可持续发展。

二、宁夏大力发展绿色制造面临的机遇

（一）国家产业政策带来新机遇

《中国制造 2025》明确指出：在未来 10 年要大力发展制造业，尤其要重点发展以高档数控机床和机器人、航空航天装备、海洋工程装备及高技术船舶、先进轨道交通装备、节能与新能源汽车、电力装备、农机装备等装备制造业为主的十大制造业领域，这些重点领域涉及大部分产业正好是宁夏装备制造业的发展优势。宁夏要紧贴国家产业政策，以《中国制造 2025》为契机，做好顶层设计，合理产业布局，助推装备制造业加快发展。

（二）国家发展战略带来新机遇

国家"一带一路"建设加强了宁夏与境外国家和地区的联系，也为装备制造业走出去带来了新的机遇。2015 年，自治区党委、政府出台了《关于融入"一带一路"加快开放宁夏建设的意见》，明确将高速铁路、高等级公路、航空枢纽等通道建设作为对外开放主要任务，这些重点工程的实施，必将为宁夏工业自动化仪表、新能源装备、铸造、高端轴承、起重机械、电工电器等装备制造业领域带来商机。

（三）区域产业转移带来新机遇

我国装备制造产业东、西部长期分布不均，造成了产业发展水平的巨大差异。东部发达地区虽然经过长期发展，取得了巨大的成就，但也面临着环境压力大、人力成本居高不下和产业结构亟待调整等困境，为了摆脱这一困境，部分产业需要向西部转移，这给西部欠发达地区提供了一个不可多得加速追赶的发展机遇。

（四）新型城镇化建设带来新机遇

一是新型城镇化推动新一轮城市建设。新一轮城市基础建设能够带动建筑、能源、交通、家居、家电、建材等多个行业发展，这些行业会给宁夏制造业的起重机械、轨道交通、电工电器、新能源装备、轴承、自动化仪器仪表、数控机床等领域带来大量的发展机遇。二是新型城镇化推动农

业产业集约化。新型城镇化推动土地集约化,为实现农业机械化作业创造了条件,这一改变为宁夏制造业的农业机械、新能源装备、环保设备等领域带来了非常大的发展机遇。

三、宁夏大力发展绿色制造面临的挑战

(一) 面临稳增长和提效益的双重困境

宁夏制造业总体规模小,抗风险能力弱,只有下大力气做优个体、做强整体,逐步扩大产业规模,才能实现产业的可持续发展。但同时受产业水平的限制,效益和质量急需大幅提高。如何在稳步实现产业经济规模扩大的同时,保证产业效益和质量同步发展,是宁夏装备制造业面临的重大挑战。

(二) 面临产业渗透和恶性竞争的双向挤压

宁夏制造业在全区工业所占比重较小,但在"专、精、特、新"方面在国内具有比较优势。近些年,随着其他行业市场容量饱和,许多行业为了求生存,采取了多元化发展思路,纷纷向跨领域、跨行业、更专业、更细分的领域渗透。比如机床产业一直是宁夏比较优势产业,数控珩磨机床更是宁夏的特色,10年前,全国该类机床有80%出自宁夏,近年来数控珩磨机床制造企业在全国范围内遍地开花,通过相互"挖人才、买技术"等方式求得自身发展,产业同质化严重,造成恶性竞争,使得宁夏本土产业发展面临严峻考验。

(三) 面临传统优势锐减和新优势未确立的两难局面

近年来,宁夏制造业凭借政策、土地、人力、资源、环境等优势,取得了一定的发展,但与发达省区相比,总体水平较低,在重大技术装备的研发制造上优势不足,在高附加值产业运营管理上经营不足,没有大量核心知识产权做支撑,没有众多知名品牌,缺乏在某一领域具有技术垄断的企业,参与市场核心竞争能力不强。

四、宁夏实施绿色制造的建议

(一) 优化能源结构

落实大型燃煤机组清洁排放,推进清洁煤电改造计划,积极推进地方

燃煤热电行业综合改造，加快自备电厂整治提升，推广使用优质煤、洁净型煤，加强煤炭安全绿色开发和清洁高效利用。统筹宁夏土地资源和电网条件，大力开发利用太阳能、有序发展利用风能、支持发展生物质能源，增加清洁低碳电力供应。积极落实超出规划部分可再生能源消费量不纳入能耗总量和强度目标考核的优惠政策。在工业生产领域推进天然气、电能替代，减少散烧煤和燃油消费。

（二）加快产业转型升级

依托信息技术改造提升传统产业，推动全区制造业迈向中高端。不断优化工业产品结构，深入开展"行业对标专项行动"，加快制造业提质增效升级。鼓励企业采用高新技术、先进适用技术和节能低碳环保技术，改造提高煤炭、电力、冶金、化工、建材五大传统产业，推进原材料初级产业向产成品转化，提高产业集中度、产业附加值和行业竞争力。推进新型煤化工产业发展，提高煤炭精深加工转化效率和经济效益。加快淘汰落后产能，积极化解过剩产能，严禁产能过剩行业新增产能项目。推进新兴产业集群化发展。加快培育壮大先进装备制造、现代纺织、信息技术、新能源、新材料等新兴产业，形成产业集群，支撑转型升级。

（三）加强工业节能

加强高能耗行业能耗管控，在重点耗能行业全面推行能效对标，推进工业企业能源管控中心建设，加快推进节能技改和节能新技术新产品推广应用，促进传统高耗能行业能效持续提升。电力（热电）行业要加大低参数、小容量等低效火电机组的改造和淘汰力度，提高超超临界发电机组的比例，推广分布式热、电、冷联产示范。石油加工行业要加快油品质量升级，改进炼油工艺与装备，提高对劣质原油的适应性，根据成品油市场的结构性变化，逐步降低柴汽比。化工行业要大力推进绿色化工技术，推进流程工业系统节能改造，推广能源梯级利用、螺杆膨胀动力驱动、溴化锂制冷等技术。冶金行业重点利用中低品位余压余热，轧制工序全面实现连铸连轧、热装热送，应用富氧与纯氧燃烧技术等，淘汰有色金属加工生产线中的低效炉窑等耗能设备。水泥行业要全面采用窑炉节能技术、粉碎制备技术、智能控制技术。推进新一代信息技术与制造技术融合发展，提升工业生产效率和能耗效率。开展工业领域电力需求侧管理专项行动，推动可再生能源在工业园区的应用，将可再生能源占比指标纳入工业园区考核体系。

（四）加快创新驱动

坚持把创新摆在制造业发展全局的核心位置，完善有利于创新的制度环境，推动跨领域跨行业协同创新，突破一批重点领域关键共性技术，促进制造业数字化网络化智能化，走创新驱动的发展道路。在传统制造业、战略性新兴产业、现代服务业等重点领域开展创新设计示范，全面推广应用以绿色、智能、协同为特征的先进设计技术。加强设计领域共性关键技术研发，攻克信息化设计、过程集成设计、复杂过程和系统设计等共性技术，开发一批具有自主知识产权的关键设计工具软件，建设完善创新设计生态系统。建设若干具有世界影响力的创新设计集群，培育一批专业化、开放型的工业设计企业，鼓励代工企业建立研究设计中心，向代设计和出口自主品牌产品转变。发展各类创新设计教育，设立国家工业设计奖，激发全社会创新设计的积极性和主动性。

（五）构建绿色制造体系

紧紧围绕资源能源利用效率和清洁生产水平提升，以传统工业绿色化改造为重点，以绿色科技创新为支撑，以法规标准制度建设为保障，加快构建绿色制造体系，大力发展绿色制造产业，推动绿色产品、绿色工厂、绿色园区和绿色供应链全面发展，建立健全工业绿色发展长效机制，提高绿色国际竞争力，走高效、清洁、低碳、循环的绿色发展道路，推动工业文明与生态文明和谐共融，实现人与自然和谐发展。加强绿色制造技术、工艺和设备的研发设计，通过试点示范、实施能效和水效领跑者制度等方式推广先进节能环保技术设备，支持装备企业实施绿色制造和再制造。通过节能补贴、建立绿色产品激励基金等方式鼓励企业开发节能环保产品，强化绿色产品的市场培育，引导绿色消费。鼓励发展低污染、低排放、低耗能产业，采取差别电价、差别水价等措施，严格限制高耗能项目，加快推动高耗能产业企业节能环保技术改造，加强资源综合利用和循环经济试点示范工程建设，推进园区循环化改造，强化节能环保产业支撑能力，消

117

减温室气体排放、提升科技支撑能力、充分发挥区域比较优势、实施"绿色制造+互联网"、强化标准引领约束、积极开展国际交流合作，推动加快形成全系统全面推进绿色发展的工作格局。

（六）创建绿色制造系统集成示范

促进制造业绿色升级，培育制造业竞争新优势，创建绿色制造系统集成示范，以组建联合体的方式协同推进。由行业领军型企业作为牵头单位，联合重点企业、上下游企业、第三方机构及研究机构等组成联合体，结合绿色关键技术突破，通过绿色制造重点项目的实施、绿色制造关键技术装备的创新和应用，制定一批绿色关键技术标准，引领行业先进技术工艺的推广应用。突出标准引领，形成促进该领域整体绿色水平升级的系统化集成模式和绿色标准。推动其发展成长为节能环保指标先进、具有长远经济效益、行业引领效果显著、服务带动制造业绿色制造转型的专业机构，逐步形成推动绿色制造发展的长效机制。

宁夏产业扶贫研究

李 霞 师东晖

产业扶贫是我国在长期扶贫开发实践中逐步形成的专项扶贫开发模式之一。习近平总书记高度重视产业扶贫，强调"发展产业是实现脱贫的根本之策。要因地制宜，把培育产业作为推动脱贫攻坚的根本出路"。近年来，宁夏回族自治区党委、政府认真贯彻落实习近平总书记产业扶贫的重要思想，把产业扶贫作为大事要事，出台了《关于加快推进产业扶贫的指导意见》，以中南部 9 县区贫困村、灌区生态移民村为重点，将建档立卡贫困户长期稳定受益作为产业扶贫目标，通过加大财政、金融、保险等支持力度，积极发展特色优势产业，依托新型农业经营主体带动，激发贫困群众内生动力，实现贫困人口持续稳定脱贫。截至 2018 年 10 月，宁夏产业化扶贫龙头企业达 76 家，自治区级扶贫示范合作社 75 家。通过产业扶贫，宁夏实现了 10 万多人脱贫致富。

一、宁夏产业扶贫取得的成效

近年来，宁夏把贫困户紧紧"连"在产业链上，在夯实贫困地区种植养殖业的基础上，积极探索，大胆实践，光伏扶贫、教育扶贫、生态扶贫、

作者简介 李霞，宁夏社会科学院农村经济研究所（生态文明研究所）副所长、研究员；师东晖，宁夏社会科学院农村经济研究所（生态文明研究所）助理研究员。

科技扶贫等产业扶贫新业态不断涌现，全力构建宁夏产业扶贫的动力机制，宁夏产业扶贫取得了显著成效。

（一）抓牢特色种植、养殖业，夯实贫困地区种植养殖基础

依托资源优势，按照品种优良、适销对路的原则，宁夏大力发展特色种植养殖业，实现了贫困群众脱贫致富。

1. 特色种植业实现了扩量增效

中卫市加大主导产业培育，着力构建枸杞、硒砂瓜、马铃薯、苹果等特色种植业扶贫体系，形成了以环香山地区为核心的百万亩绿色种植业脱贫产业带。一是以中宁引黄、扬黄灌区为枸杞核心区，实现了枸杞产业集约化、规模化发展。枸杞总面积达到 35 万亩，总产量达 4.9 万吨，中宁枸杞区域品牌价值达 161.6 亿元；二是以品质品牌保护为重点，构建硒砂瓜产业带。建成硒砂瓜品质品牌保护核心基地 40 万亩，有机硒砂瓜生产基地 15.6 万亩，生产规模达到 86 万亩，实现销售收入 15 亿元，沙坡头区常乐镇罗泉村（香山硒砂瓜）入选全国一村一品示范村镇。三是以脱毒种薯繁育体系建设和加工专业化为重点，加快马铃薯产业标准化、优质化生产进程，建成了以海原库井灌区和雨养旱作区为主的脱毒种薯生产供应基地，马铃薯种植面积稳定在 60 万亩以上，贫困户种植业年收入达到 1764 元，占总收入的 23.8%。

2. 草畜产业逐步形成脱贫产业带

固原市抢抓退耕还林（草）等政策机遇，狠抓人工种草、补栏扩量、品种改良、动物防疫等重点工作，草畜产业逐步形成了兴仁—徐套—喊叫水、西安—树台、史店—曹洼—九彩—李俊、李旺—七营—三河三个草畜产业带，紫花苜蓿留床面积达到 50 万亩，建成三河饲草加工配送中心、曹洼精饲料两个加工中心。固原市牛、羊、猪、鸡饲养量覆盖建档立卡贫困户达到 24.6%，贫困户养殖业户均收入达到 1 万元以上。

（二）教育扶贫发挥了阻断贫困代际传递的重要作用

"治贫先治愚，扶贫先扶智"，教育扶贫直指导致贫穷落后的根源，牵住了贫困地区脱贫致富的"牛鼻子"。自治区政府高度重视教育扶贫，着力实施学前教育普及提高、职业教育技能富民、贫困学生资助惠民等 10 个专项行动，发挥了教育在精准扶贫中的重要作用。

1. 大力发展职业教育"拔穷根"

自治区政府加大了对宁夏职业教育的支持力度，除了贫困学生享受国家助学金、免学费政策外，自治区政府对固原市中职全日制在校生每人每年补助2200元（800元住宿费、400元书本费、1000元生活补助费）。隆德县职业中学实施了"雨露计划"，对于建档立卡户的学生，可享受县扶贫办每年3000元的资助。为了进一步提高教学质量，宁夏职业技术学校以提升课堂新动力为重点，建设了508亩农科综合实训基地，提高了学生的职业技能水平，促进了创业就业。近年来，自治区中职毕业生就业率达95.8%、高职毕业生就业率达92%，已经有超过7万名毕业生在东部地区成功就业。

2. 建设"城市学校"，阻断贫困代际传递

扶贫必扶智，让贫困地区的孩子接受良好教育，是扶贫开发的重要任务，也是阻断贫困代际传递的重要途径。2003年，自治区政府投资3.3亿元，创造性地在银川市建设了六盘山高级中学和育才中学，专门面向中南部贫困地区招收优秀贫困学子。每年招收的2000名农村初中毕业生，实行全寄宿制，全部免收学费和住宿费，并发放生活补助。学校还通过爱心企业、爱心人士捐资助学，创建了"燕宝班""杉树班"等资助班，每年资助金额达1000余万元，受益学生达80%以上，特别优秀或贫困的学生每年可获得3000—5500元的奖助学金。从2003年建校至今，学校共招收了2.2万多名初中毕业生，高考本科升学率达到96%。已经有8607名学生考入重点大学，其中36名学生考入北京大学和清华大学。重点大学的升学率则超过60%，真正发挥了教育从根本上阻断贫困的作用，切实提高了南部山区的人口素质，加快了贫困地区的经济发展。

（三）金融扶贫增强贫困群众的自我发展能力

金融是现代经济的核心，金融扶贫是扶贫开发的重要组成部分，是打赢脱贫攻坚战的关键支撑，是促进农民增收、农业增效和城乡经济协调发展的重要途径。

自治区政府出台了《金融扶贫示范区建设实施方案》，各市、县（区）结合自身实际，积极创新金融扶贫模式。固原市调动政府、市场、群众三

方力量，实行"财政+金融+产业+扶贫"联动，建立了"一平台、一模式、一协会、一体系"金融扶贫模式，成立了7家融资担保公司，建立各类担保基金12.54亿元、风险补偿基金1.2亿元。探索出了"两个带头人+贫困户"的蔡川模式、托管代养融资的西吉模式、资产收益融资的隆德模式、建档立卡贫困户小额信贷和"龙头企业+合作社+贫困户"的泾源产业链融资模式，以及彭阳县的大棚贷、辣椒贷，保单、土地使用权抵押贷款等金融扶贫模式。吴忠市积极完善金融扶贫体系，在农村信用体系建设、风险补偿、金融扶贫精准统计和信息共享、保险保障等方面进行了积极探索和实践，有效破解了依靠诚信贷款、免担保免抵押贷款和60周岁以上及非恶意"黑名单"贫困户无法贷款等"十大难题"，形成了政府、银行、企业、社会、村民联动的"五位一体"金融扶贫服务体系。截至2018年10月，吴忠市各县（区）共设立扶贫产业担保基金和风险补偿金达6.8亿元，年撬动扶贫信贷50亿元以上，扶贫小额信贷余额14.3亿元，覆盖率为84.12%。互助金总额达3.9亿元，村均140万元。为绝大多数有发展能力的贫困群众发展特色产业提供了有力的资金支持，点燃了贫困群众求富、求荣、求美、求变的致富激情。

（四）电商扶贫开辟了贫困户脱贫增收的新途径

把电商带入农村，通过互联网将优质农副产品带进城市，不仅推动了农产品供需双方直接对接，而且改变了宁夏贫困地区的整体面貌，使农民真正走上致富之路。近年来，固原市启动"互联网+农村扶贫电子商务项目"，制定出台了《固原市农村扶贫电子商务"十三五"规划》，建成了6个电子商务平台、756个乡村级电商服务站，扶持培育农村电商企业60多家，打造了电商扶贫示范村10个，实现更多的贫困群众就业。2018年"双十一"期间，西吉县泽艾堂的足浴包、沐浴包等爆款产品，网络订单就达2400多件，销售额达750万元以上。2018年1—10月，隆德县农村网络销售额达544万元，农产品上行销售300万元。实践已证明，发展农村电子商务，使实体经济与互联网产生叠加效应，引导贫困群众融入电商产业链条，更多分享产业增值收益，推进了电商扶贫与贫困地区产业融合发展。

（五）科技扶贫激发了贫困农民学科技、用科技的热情

科技扶贫是由单纯救济式扶贫向依靠科学技术开发式扶贫转变的一个重要标志。近年来，宁夏充分发挥科技特派员服务机制灵活的优势，加大对贫困地区和生态移民村的科技扶贫力度。宁夏选派了 800 名科技特派员参与科技扶贫工作，开展各类实用技术培训。在结对帮扶的 100 个重点贫困村中，能熟练掌握 1—2 门以上致富技术的农户达到 75%，使农民人均纯收入增加了 15% 以上。

1. 激发了农民学科技、用科技的热情

科技扶贫指导员入村后，教农民使用互联网查询、获取需求信息，进行网络信息发布和交易，利用农村信息平台和手机信息，为农民提供技术、管理、销售、政策信息。泾源县每个扶贫村均建立了科技信息网站，可以上网查询信息、网上发布农产品信息、网上招商引资、登载科技扶贫信息。隆德县庞庄村建立了村级门户网站，宣传、推广该村农副产品。由于农民在信息化中得到了实惠，主动求教、主动咨询人次越来越多，要求参加培训的人数越来越多，通过加大新品种、新技术、配方施肥的培训力度，培养了农民的生产经营观念，增强了学科学、用科学，依靠科技发展生产、发家致富奔小康的意识。

2. 培养了一批农村致富带头人

在科技扶贫实践中，科技扶贫指导员以新品种、新技术推广为根本目标，以送实用技术、送惠农政策、送市场信息为辅助手段，以建立和培育示范基地、示范户和致富带头人为主要内容，有针对性、有重点地开展了一系列典型示范引导工作，培养了一批科技示范户。科技示范户把学到的知识运用于生产实践，在农业和农村经济发展实践中成为新一代的主力军，成为留得住、用得上的乡土人才。

（六）培育了一批具有较强市场影响力的农产品品牌

为培育壮大特色优势产业规模，提升优势特色产业效益，自治区大力开展无公害农产品、绿色食品、有机农产品和农产品地理标志认证，积极培育特色农产品品牌，形成盐池滩羊、固原黄牛、西吉马铃薯、彭阳辣椒等一批具有较强市场影响力和竞争力的农产品品牌。累计创建中国驰名商标 7 个、宁夏著名商标 55 个，"三品一标"认证 186 个，有力地推动了产业发展。

二、宁夏产业扶贫面临的现实困境

（一）产业脱贫方式较为单一

大多数贫困户参与产业脱贫的方式较为单一，由于资源限制，宁夏的产业扶贫大多集中在种植、养殖业项目上，且仅能参与全产业链中最低端、附加值最低的环节，如打工或土地流转，难以分享加工、流通环节的收益。

（二）农产品加工业仍是弱项

农产品加工业是联结工农、沟通城乡的重要民生产业。目前，宁夏农产品加工业仍是弱项，虽然百瑞源枸杞股份有限公司和宁夏虹桥有机食品有限公司（中卫市）入选农业部农产品加工业"一企一业"类典型案例，但是中小企业居多，加工企业规模偏小，产业集中度不高；科技支撑能力弱、技术装备水平不高、产业链条短、自主创新意识和能力弱，设备、技术、工艺、产品同质化现象严重；高质量产品供给不足、优质绿色品牌加工产品缺乏等依然是宁夏加工业发展的掣肘。部分农产品加工企业还存在品牌意识薄弱、品牌定位模糊等问题。加工产业化体系尚未形成，农产品加工转化率只有 64%，农产品加工业产值与农业总产值之比仅为 1.8∶1。

（三）建档立卡贫困户文化程度偏低，无法满足大多数企业的用工需求

全区建档立卡贫困户中，初中及以下文化程度的高达 87.7%。由于文化程度低，无法满足大多数企业的用工需求，青壮年劳动力外流务工，很难形成贫困户参与企业发展的局面。

三、加快宁夏产业扶贫的对策建议

（一）积极发展和培育特色主导产业

突出自治区 "1+4" 主导产业，积极发展地方特色产业。根据各地资源禀赋、产业基础、贫困群众种植养殖意愿，大力发展"一县一业""一村一品""一户一特"，形成主业突出、多业并举、各具特色的产业扶贫格局。

1. 着力发展马铃薯产业

以西吉、原州、海原、同心县为重点，加快马铃薯三级繁育体系建设，对贫困户实行马铃薯原种免费发放，自繁自用，加大马铃薯一级种薯推广应用，加大主食化等专用品种选育推广，形成深度贫困地区马铃薯"淀粉加工、鲜薯外销、种薯繁育、主食开发"四业并举的发展局面。

2. 着力发展草畜产业

实施草原生态保护补助奖励政策，加快天然草场改良步伐，利用生态移民搬迁后退出耕地，巩固扩大苜蓿等多年生牧草种植面积，积极推进饲草料加工调制，促进草畜结合。以节本增效为重点，引导贫困户加强肉牛肉羊标准化规模养殖场建设，大力推广奶牛、肉牛托管模式，发展规模养殖，增加养殖收入。

3. 着力壮大枸杞产业

全面提升宁夏枸杞产业发展水平和市场竞争力，大力推动枸杞产业种植环节绿色化、基地建设标准化、链条拓展生态化、加工转化精细化、机械应用现代化、营销流通网络化、市场竞争国际化，着力提升枸杞产业综合效益。以同心、原州、海原、红寺堡为重点，加快专用优良品种选育推广，推行标准化生产技术，建设出口加工有机枸杞生产基地；实施农产品初加工项目，采取"龙头企业+合作社+贫困户"的经营模式，形成"利益共享，风险共担"的共同体，带动贫困户增收致富；鼓励企业、合作社、家庭农场流转贫困户土地，整乡整村推进枸杞规模化、标准化基地建设。加大"宁夏枸杞"地理标志保护，提升宁夏枸杞品牌形象。

4. 着力发展葡萄产业

大力发展酿财造富的葡萄产业，要坚持"小酒庄、大产区"发展模式，依托资源优势，完善产业发展体系，重点建设以红寺堡、闽宁镇、甘城子为片区的葡萄产业精准扶贫带。加大贫困户酿酒葡萄标准化种植技术培训，联户建设规模化葡萄种植基地；鼓励贫困户以入股、租赁、流转、托管的方式与企业（酒庄）合作经营，企业（酒庄）按统一标准和方式，指导葡萄种植，订单收购葡萄，开展葡萄酿酒销售，完善产业链与农民利益联结机制，让农民共享产业融合发展的增值收益。探索农民增收新模式，将红寺堡建成宁夏葡萄产业扶贫的典型示范区。

5. 着力发展地方特色产业

因地制宜，因户施策，围绕贫困地区资源禀赋、产业基础，积极发展红枣、中药材、小杂粮等地方特色产业。以同心、红寺堡为重点，加快红枣产业发展，加强标准化基地建设，提升产业化经营水平；以隆德、同心、盐池、海原为重点，加快黄芪、秦艽、银柴胡等道地中药材和甘草等沙生药材产业发展；以盐池县、同心县、原州区、西吉县、海原县等为重点，积极开展小杂粮精深加工，培育特色小杂粮品牌，多渠道增加贫困户收入。

（二）发展壮大新型农业经营主体

1. 加大政策扶持力度，重点培育和发展一批特色鲜明、市场竞争力强的农产品加工产业集群

针对不同的新型农业经营主体，采取直接补贴、购买服务、以奖代补、贷款贴息、农机具购置补贴等不同支持方式，重点培育和发展一批特色鲜明、市场竞争力强的农产品加工产业集群。北部引黄灌区要走高效、高端、精深加工之路，重点培育枸杞、葡萄酒、脱水菜、果蔬汁等农产品加工业集群；中部干旱带要大力发展以滩羊、红枣、中药材、优质牧草、羊绒为主的农产品加工业；南部山区应加快发展肉牛、马铃薯、小杂粮、油料、中药材、优质牧草等农产品加工业，促进农产品加工由初级加工向精深加工转变。

2. 完善分配机制，充分调动新型农业经营主体积极性

建议自治区政府将财政支农资金，重点用于支持新型农业经营主体，这是调动新型农业经营主体积极性的最有效手段。同时，鼓励新型农业经营主体进一步完善订单带动、"龙头企业+农户"带地入社、利润返还、股份合作等利益联结机制，将新型农业经营主体带动贫困户的数量和增收效果作为涉农项目审批、验收的重要参考依据，让财政支农资金既帮助新型农业经营主体提升竞争力，又增强其带动贫困户发展能力。

3. 改善金融服务，加大对新型农业经营主体信贷支持力度

鼓励金融机构创新产品和服务，落实加大对新型农业经营主体信贷支持力度。采取动产抵押、仓单质押、土地经营权和收益权质押等多种抵押

担保形式，解决新型农业经营主体贷款难问题。

4. 培养和引进人才，鼓励创办新型农业经营主体

整合各渠道涉农培训资源，对家庭农场主、农村实用人才、合作社理事长等新型农业经营主体的带头人进行专项培训。采取贷款贴息、定额无抵押贷款等方式，鼓励有技术的返乡农民工、大中专毕业生、退伍军人、科技人员等创办新型农业经营主体。深入推行科技特派员制度，鼓励科研人员到家庭农场、农民合作社、龙头企业任职兼职，同时允许科研成果入股到新型农业经营主体，并享有股份分红的权利。

5. 开展质量管理体系认证，提高农产品加工企业质量安全水平

依托宁夏区位、特色、质量等优势，在重点生产基地和加工企业，积极开展无公害、绿色、有机食品及农产品加工企业质量管理体系等认证，提高企业管理水平和产品质量安全水平。鼓励和引导农产品加工企业扩大出口规模，推进宁夏特色优势农产品参与国际市场竞争。

宁夏应对气候变化的绿色金融研究

柳 杨

自治区党委、政府和各相关部门高度重视节能减排工作，取得了显著成绩。但由于历史原因和区情特点，高耗能、高排放的问题仍然比较突出，在宁夏绿色发展转型的重要阶段，迫切需要绿色金融的支持。

一、国内外应对气候变化的绿色金融背景

（一）国内的政策背景

《强化应对气候变化行动——中国国家自主贡献》提出了中国的自主行动目标为：二氧化碳排放 2030 年左右达到峰值并争取尽早达峰；单位国内生产总值二氧化碳排放比 2005 年下降 60%—65%，非化石能源占一次能源消费比重达到 20% 左右。并提出通过进一步加大财政资金投入力度，积极创新财政资金使用方式，探索政府和社会资本合作等低碳投融资新机制。落实促进新能源发展的税收优惠政策，完善太阳能发电、风电、水电等定价、上网和采购机制。完善包括低碳节能在内的政府绿色采购政策体系。深化能源、资源性产品价格和税费改革。完善绿色信贷机制，鼓励和指导金融机构积极开展能效信贷业务，发行绿色信贷资产证券化产品。健全气候变化灾害保险政策。

作者简介　柳杨，宁夏清洁发展机制环保服务中心副主任、副研究员。

《国家应对气候变化规划（2014—2020 年）》提出：探索运用投资补助、贷款贴息等多种手段，引导社会资本广泛投入应对气候变化领域，鼓励拥有先进低碳技术的企业进入基础设施和公用事业领域。引导银行业金融机构建立和完善绿色信贷机制，鼓励金融机构创新金融产品和服务方式，拓宽融资渠道，积极为符合条件的低碳项目提供融资支持。提高抵抗气候变化风险的能力。根据碳市场发展情况，研究碳金融发展模式。引导外资进入国内碳市场开展交易活动。完善多元化资金支持低碳发展机制，研究建立支持低碳发展的政策性投融资机构。吸引社会各界资金特别是创业投资基金进入低碳技术的研发推广、低碳发展重大项目建设领域。积极发挥中国清洁发展机制基金和各类股权投资基金在低碳发展中的作用。

（二）国外的政策背景

在巴黎举行的《联合国气候变化框架公约》缔约方会议上，发达国家共同承诺，在 2020 年之前每年从公共和私营部门筹集 1000 亿美元的气候资金，帮助发展中国家减缓和适应气候变化。

英国在绿色金融方面处于全球领先地位。英国承诺为 2016—2021 年间的国际气候金融筹措 58 亿英镑的资金，具体事项将由国际发展部（DFID），商业、能源和产业战略部（BEIS）和环境、食品与农业部（DE-FRA）共同管理。英国商业、能源和产业战略部国际气候基金（ICF）即 BEIS-ICF 致力于通过低碳能源生产、能源效率、森林和土地利用来减缓气候变化的进程，且工作重心放在气候变化问题亟待解决的中等收入国家。中英两国在绿色金融领域建立了合作伙伴关系，以支持中国向更可持续的经济模式过渡。ICF 为中国绿色金融技术援助计划提供 150000 到 500000 英镑的资金，资助 1 年期的中英合作的创新创意项目。包括研究符合国际和国内惯例的绿色金融准则和标准（特别是"一带一路"沿线国家）、绿色债券标准、绿色金融产品创新等。在 2017 年年末举行的第九届中英经济财金对话（EFD）上，中英两国一致认为，两国在绿色金融融资、产品创新和思想领导力方面承认彼此是主要的合作伙伴。中英两国就一系列绿色金融政策和倡议达成一致，并且致力于在这一领域继续开展工作，以进一步发展更具可持续性的商业驱动的金融体系。

世界银行、亚洲开发银行为了弥补中国财政性中长期规划资金投入的不足，提供经济建设所需的资金来源。2017—2019 年世行、亚行贷款规模 45 亿美元，其中世行 25 亿元、亚行 20 亿元。世行、亚行贷款期限相对较长，贷款利率较低，偿还期限一般为 17—25 年，其中含 3—5 年左右的宽限期；贷款利率以 6 个月伦敦银行同业拆借利率（LIBOR）为基础，由筹资成本外加利差构成。目前，世行和亚行美元浮动利率贷款年利率约为 2.0% 左右（中国国内银行 5 年期以上人民币贷款利率为 4.9%）。并以结果导向型贷款、多批次贷款、中间金融机构转贷等贷款工具创新贷款方式，重点支持新型城镇化建设，如绿色城市、智慧城市、低碳城市等建设，还支持生态环境保护和基础设施建设，如湿地建设、生态环境修复，探索绿色金融发展，支持可再生能源、节能减排、能源效率提升等。

二、宁夏开展的应对气候变化绿色金融活动

（一）碳资产开发与碳交易

宁夏政府采取了积极应对气候变化措施，在减缓与适应气候变化方面积累了良好的工作基础和丰富经验。2003 年成立第 1 个省级 CDM 中心。联合国 CDM 机构已批准 91 个 CDM 项目，其中 22 个项目已实现签发 74 次，累计交易 CERs 达 1000 余万吨，占中国可再生能源交易量的 5%，实现气候融资达 6 亿多元。

（二）大力发展可再生能源

发展可再生能源是宁夏应对气候变化的重要措施。充分利用宁夏丰富的太阳能、风能资源，建立了"国家新能源综合示范区""国家光伏扶贫项目试点省区"，银川市是"国家可再生能源建筑应用示范城市"。2017 年，宁夏新能源总装机容量已达 1611 万千瓦，其中风电 991 万千瓦、光伏 620 万千瓦。宁夏全部可再生能源电力消纳量有较大幅度提高，达到 225 亿千瓦时，占全区全社会用电量的比重为 23%，同比提高 1.9 个百分点；非水电可再生能源电力消纳量为 206 亿千瓦时，占全区全社会用电量的比重达到 21%，同比提高 1.9 个百分点，位居全国第一。2017 年，国开行宁夏分行去年累计发放新能源贷款 413 亿元，支持风能、太阳能、"蓝天工

程"等绿色项目。

(三) 将应对气候变化技术融资纳入发展战略

为消除亚太地区应对气候变化技术转移和应用中的资金障碍，提高发展中国家应对气候变化能力，亚洲开发银行和联合国环境规划署在全球环境基金等机构支持下成立了亚太应对气候变化技术融资中心（CTFC）。宁夏作为 CTFC 首批技术援助项目试点区，开展了"将应对气候变化技术融资纳入国家发展战略、计划和优先投资计划"项目（TA8109）。探索把应对气候变化先进技术纳入国家或区域发展计划的机制，并在此基础上评估、筛选、推荐重大应对气候变化技术融资项目，供公共部门和私营部门作为应对气候变化的投资选择。

(四) 绿色融资工具创新

宁夏国电宁夏新能源开发有限公司电费收益权资产证券化方案，包括光伏收益权债券、风电收益权债券。收益权证券化可以帮助光伏发电等企业进行直接融资，提前回收部分未来发电收入，缓解前期投资资金压力，降低企业成本。宁夏易捷庄园枸杞科技有限公司 5 万亩有机枸杞基地建设及枸杞加工项目获得中国清洁发展机制基金管理中心提供的优惠贷款。

三、关于宁夏绿色金融措施的建议

宁夏在绿色发展转型过程中任务重、压力大，企业作为绿色转型的主体，在提高能源、资源利用率，提高"三废"等末端处理方面都需要大量的绿色金融支持，但由于宁夏的金融机构现有金融产品机制不能满足企业对绿色融资的需求，建议广泛开展绿色金融领域的国际合作，创新创建绿色融资模式和产品等。

(一) 建立环境权益交易市场，丰富融资工具

1. 发展各类环境权益金融产品

有序发展碳远期、碳掉期、碳期权、碳租赁、碳债券、碳资产证券化和碳基金等碳金融产品和衍生工具，探索研究碳排放权期货交易。推动建立排污权、节能量（用能权）、水权等环境权益交易市场。发展基于碳排放权、排污权、节能量（用能权）等各类环境权益的融资工具，拓宽企业绿

色融资渠道。

2. 鼓励和支持保险机构创新绿色保险产品和服务

建立完善与气候变化相关的巨灾保险制度。鼓励保险机构研发环保技术装备保险、针对低碳环保类消费品的产品质量安全责任保险、森林保险和农牧业灾害保险等产品。

(二)推动开展绿色金融国际合作

1. 广泛开展绿色金融领域的国际合作

通过"一带一路"倡议，上海合作组织、中国—东盟等区域合作机制和南南合作，以及世界银行、亚洲开发银行、亚洲基础设施投资银行等撬动民间绿色投资的作用，推动区域性绿色金融国际合作，支持相关企业的绿色投资。

2. 推动宁夏企业对外绿色投资

鼓励和支持宁夏金融机构、非金融企业在"一带一路"对外投资项目中加强环境风险管理，提高环境信息披露水平，使用绿色债券等绿色融资工具筹集资金，开展绿色供应链管理，探索使用环境污染责任保险等工具进行环境风险管理。

(三)大力发展绿色信贷和绿色债券

1. 构建支持绿色信贷的政策体系

完善宁夏绿色信贷统计制度，加强绿色信贷实施情况监测评价。探索通过再贷款和建立专业化担保机制等措施支持绿色信贷发展。对于绿色信贷支持的项目，可按规定申请财政贴息支持。支持绿色信贷等绿色业务的激励机制和抑制高污染和完善上市公司和发债企业强制性环境信息披露制度对属于环境污染、高能耗和产能过剩行业贷款的约束机制。

2. 研究探索宁夏绿色债券第三方评估和评级标准

鼓励机构投资者在进行投资决策时参考绿色评估报告。鼓励信用评级机构在信用评级过程中专门评估发行人的绿色信用记录、募投项目绿色程度、环境成本对发行人及债项信用等级的影响，并在信用评级报告中进行单独披露。

3. 积极支持符合条件的绿色企业上市融资和再融资

在符合发行上市相应法律法规、政策的前提下，积极支持符合条件的绿色企业按照法定程序发行上市。支持已上市绿色企业通过增发等方式进行再融资。

4. 支持设立各类绿色发展基金，实行市场化运作

整合现有节能环保等专项资金设立宁夏绿色发展基金，投资绿色产业，体现对绿色投资的引导和政策信号作用。

(四) 加强企业环境信息披露

将宁夏企业环境违法违规信息等企业环境信息纳入金融信用信息基础数据库，建立企业环境信息的共享机制，为金融机构的贷款和投资决策提供依据。逐步建立保护部门公布的重点排污单位的上市公司，研究制定并严格执行对主要污染物达标排放情况、企业环保设施建设和运行情况以及重大环境事件的具体信息披露要求。培育第三方专业机构为上市公司和发债企业提供环境信息披露服务的能力。鼓励第三方专业机构参与采集、研究和发布企业环境信息与分析报告。

宁夏碳汇林建设工程技术体系及融资途径研究

单臣玉　马　强

林业是应对气候变化国家战略的重要组成，目前森林面积和森林蓄积两项增长指标已纳入国家对外承诺的应对气候变化行动目标，加强森林、湿地、荒漠生态系统保护和建设，增加森林和湿地碳汇，控制林业温室气体排放，提高林业适应能力等已列入国家战略和规划。积极做好林业应对气候变化工作，发展林业碳汇，对于维护国家气候安全、拓展发展空间、助力宁夏生态文明建设具有重大意义。

一、宁夏碳汇林建设工程技术体系

（一）重点区域

碳汇林建设优先考虑生态区位重要和生态环境脆弱的地区。鉴于宁夏的林业状况，首先应当考虑的森林经营碳汇，主要由3个部分组成，有林地中的低效林改造、疏林地的改造和未成林的有效转化。碳汇造林主要发展大六盘规划中提到的300万亩造林任务及引黄灌区。从增加碳汇角度，宁夏今后新增森林碳汇基地主要应布局在两大区块：大六盘生态经济圈和宁夏平原绿洲，前者是宁夏年降水量较多之处，属宁夏南端半湿润气候，

作者简介　单臣玉，宁夏清洁发展机制环保服务中心主任助理、助理研究员；马强，宁夏思睿能源科技管理有限公司项目经理、研究实习员。

多处于450—4580毫米降水等值线，为无灌溉乔木林生长带，具有封山育林和营造人工林的较好立地条件，是宁夏投入产出效益最好的碳汇增加区；后者有引用黄河水灌溉乔木林的有利条件，也是宁夏地下水丰富、湿地比重大、城镇密度大的地区和现代农业示范区，加大农田防护林、湿地保护林、城乡绿化造林和生态经济林建设力度，既有迫切需求，又有人财物力的保障。

目前宁夏宜林荒山荒地还有1241.85万亩，未成林造林地面积618万亩，主要分布在六盘山林区与罗山林区。根据宁夏生态条件及林业建设规划，宁夏今后宜林地主要在六盘山林区和罗山林区。六盘山重点生态功能区是全国"两屏三带"生态安全战略格局的重要组成部分，也是宁夏林业资源增长潜力最大的地区，同时还是国家14个集中连片特困地区之一，是国家扶贫攻坚的主战场。六盘山重点生态功能区降水量400毫米以上区域包括泾源县、隆德县、彭阳县全部，原州区炭山、三营、彭堡沿线以南，西吉县偏城、西滩、王民沿线以南，总面积1200万亩，占固原市总面积的76%，森林覆盖率达20.5%。自治区党委把六盘山重点生态功能区降水量400毫米以上区域造林绿化工程列入自治区党委工作"6+7"工作推进方案，列为全区重大生态建设项目。自治区林业厅组织相关部门在广泛调查、深入研究的基础上，编制了《六盘山重点生态功能区降水量400毫米以上区域造林绿化工程规划》。工程建设的总体目标是到2020年，新增森林面积160万亩，森林覆盖率提高13个百分点，为全区森林覆盖率贡献2个百分点。六盘山林区应作为宁夏宁夏碳汇林建设工程重点区域。

（二）技术体系

本项目确定六盘山林区为宁夏碳汇林建设工程的主要地区，根据对彭阳县碳汇林建设示范工程的前期研究，宁夏碳汇林建设工程技术体系如图1所示。

（三）主要优势树种增汇技术

对宁夏主要优势树种，包括侧柏、栎类、刺槐、油松、杨树、柳树、国槐、山桃、山杏等，针对其生长特点，分别提出固碳增汇技术（见表1）。

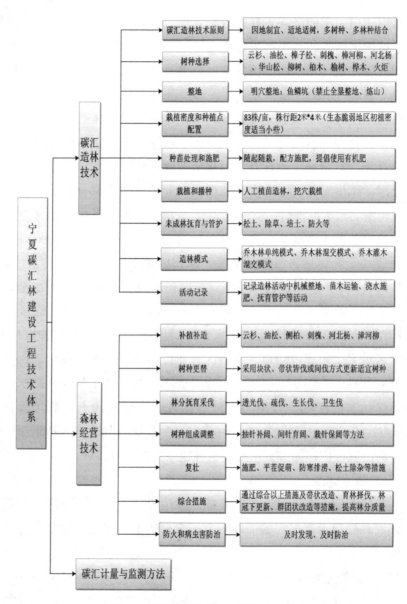

图 1 宁夏碳汇林建设工程技术体系

表1　主要优势树种增汇技术

优势树种	增汇技术
侧柏	1. 定株抚育:幼龄期,分1—2次伐除过密的幼树及多头分枝,对稀疏地段补植目的树种。定株后,林分郁闭度不低于0.7,林分平均胸径不低于伐前林分平均胸径。 2. 修枝:在林冠郁闭、树冠下部出现枯枝时,贴近树干剪去树冠下部已枯死、濒临枯死的枝条。 3. 抚育间伐:按照有利于林冠形成梯级郁闭,主林层和次林层立木都能直接受光的要求,在林内将林木分级,伐除濒死、枯死木和被压木。 4. 补植补造:对经过高强度抚育间伐形成大面积林中空地的林分,补植补造乡土阔叶树种。 5. 割灌:幼龄期割除幼树周边的灌木和杂草,同时对栽植穴进行培根与扩堰。
栎类	1. 抚育间伐:按照一次疏伐强度为总株数的10%—15%,伐后郁闭度不低于0.7的原则疏伐。伐除受害林木,割除幼树周边的灌木和杂草。 2. 采伐更新:郁闭度达到0.8以上,林分年龄已经进入近、成、过熟龄的林地对其进行择伐更新。
刺槐	1. 低效林改造:用适宜生长的乡土树种补植;根据林相残破程度选择全面或局部更新改造,在立地条件较好的地段采用林冠下更新;对处于幼、中龄阶段、密度过大的单层同龄刺槐纯林和受轻度病虫害的刺槐林分伐除枯立木、濒死木。 2. 抚育间伐:对林分密度过大,没有枯枝现象不属于低效林的刺槐进行疏伐,伐后郁闭度应保留在0.6—0.7。
油松	1. 对密度过大,生长不良的林分,进行抚育间伐。对于飞播油松林,首次疏伐每公顷保留3500株以上或伐后郁闭度控制在0.8以上。 2. 对密度小,分布不均的林分进行补植造林,使其郁闭度控制在0.6—0.7,布置密度为(1200—4000)株/公顷。 3. 油松低效林采用更新改造方法,逐步用侧柏、刺槐、杨树等适宜生长的高碳汇树种代替。 4. 在自然整枝不良、通风透光不畅的油松林分中剪去林冠下不已枯死、濒临枯死的枝条。
杨树	1. 水肥管理:进入生长期之前,应加强水肥管理,每年应为林分供水800—1000毫米,以施肥为主,有机质含量低的土壤,用农家肥作基肥,再追施氮磷肥,会明显促进杨树生长。 2. 修枝:及时修剪枯死枝、生长衰弱枝。 3. 间伐与主伐更新:对幽林密度偏大的林分,适时间伐。林分达到成熟衰老后应及时进行采伐更新。
柳树	1. 修枝或平茬:进入速生期后,对于乔木柳可在冬季端头修枝,会促进来年大量新生新的枝条;对灌木柳,可采取平茬措施,是重新萌生新枝。 2. 间伐与主伐更新:对幼林密度偏大的林分,适时间伐。林分达到成熟衰老后应及时进行采伐更新。

续表

优势树种	增汇技术
国槐	1. 截干剪枝:每年在春季生长停止,第二个生长季节来临前将顶管弯曲部分间断,使发出新枝;在不影响主干生长的情况下,尽量多保留一些侧枝。其中,影响主头生长的竞争枝、枯死枝、衰弱枝等要及时剪掉。 2. 抚育间伐:对郁闭度 0.8 以上林分,伐除枯死株、濒死和生长势较弱的单株,伐后郁闭度应保留在 0.6—0.7。
榆树	1. 修剪:生长期经常修剪,剪去细密枝,交叉枝,全年可修剪,但雨天不能剪,以防流液枯枝。 2. 用适宜生长的乡土树种补植:根据林相残破程度选择全面或局部更新改造,在立地条件较好的地段采用林冠下更新。 3. 抚育间伐:对处于幼中龄阶段,密度过大的单层同龄伐除枯死木、濒死木;对林分密度过大,诶呦枯枝现象不属于低效林的榆树林进行疏伐,伐后郁闭度在保留在 0.6—0.7。
椿树	1. 抚育间伐:对郁闭度 0.8 以上林分,伐除枯死木、濒死和生长势较弱的单株,强度在 15%—20% 为宜。伐后保留郁闭度在 0.6—0.7。 2. 修枝:修剪掉生长密集且较细小的侧枝,以促进林木生长。对已经进入衰老或生长衰弱的树木,剪掉大部分侧枝、细弱枝和衰老的主枝,选留生长健壮的新枝或腋芽培养形成新的树冠。
山桃	1. 扩穴除草:栽植后的前 3 年,每年扩穴松土、除草 1 次,扩穴范围应达 1 平方米。 2. 修枝:在幼林郁闭前,用枝剪或手锯将树冠下部的侧枝去除,去除量约为整个枝条的 1/3 左右。 3. 抚育间伐:对郁闭度 0.8 以上林分,伐除枯死木、濒死和生长势较弱的单株,强度在 15%—25% 为宜。
山杏	1. 挖树盘:一般深度为 20—30 厘米,直径要大于树冠;挖树盘的同时要清除根藤、石块和杂草等。 2. 修枝复壮:剪掉大树上的老枝、枯枝,促进萌发新枝。 3. 抚育间伐:对郁闭度 0.8 以上林分,去掉多年生干部已干朽、产量低的老树,留下四周萌生的幼树,对土层较深厚,水分条件较好的立地,还可通过平茬将密度控制在 166—222 丛之间;对林中空地大,原有杏树稀疏的地方,要搞好补植提高林地利用率。

在树种选择上,六盘山林区可选择生物量高的白桦、辽东栎、油松为主要树种,罗山林区可选择生物量高的云杉、油松、山杨为主要树种,贺兰山林区可选择油松、云杉为主要树种;比如在坡度超过 25°的地区,适宜种植的树种有马尾松、桉树等;25°以下坡度地区,可以种植经济林果,在取得良好生态效益的同时,提升碳汇林的经济效益。

二、宁夏碳汇林融资途径研究

林业碳汇开发流程长、投资回收慢。为此，林业碳汇项目的开发需要建立完善的服务体系，提供技术、信息、金融全方位的支持。需要通过金融支持手段鼓励林业碳汇发展。

（一）碳汇林融资定义与分类

碳汇林融资是指碳汇林建设者为保障碳汇林建设顺利开展，通过金融机构，运用适当方式，从资金盈余者手中筹措资金，以满足自身资金需求的一种理财活动。碳汇林建设的融资过程如图2：

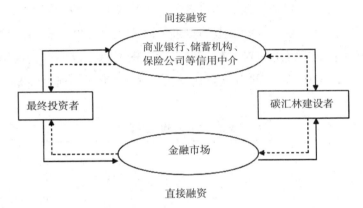

实线箭头表示资金流向
虚线箭头表示金融产品、存款凭证或贷款合同等的流向

图2 碳汇林建设的融资过程

就本质而言，碳汇林融资体现为一种货币信用关系：投资者基于对碳汇林建设者的信任而向其让渡资金的所有权和使用权。在现代信用经济中，信用关系的复杂使得碳汇林融资的形式也多种多样，分类繁杂。碳汇林融资的主要分类及构成如下：一是按取得资金的权益特性不用分类，分为股权资金和债权资金融资；二是按取得资金的来源和途径分类，分为国家财政资金、银行信贷资金、非银行机构资金、其他法人单位资金、企业自留资金和民间资金；三是按金融机构在碳汇林融资中的作用不同分类，分为直接融资和间接融资；四是按资金是否来自于碳汇林本身分类，分为内部

融资和外部融资；五是按融资时是否以碳汇产品为交换或交易对象分类，分为碳融资和非碳融资；六是按资金的取得是否遵循市场交易原则，分为市场融资和非市场融资；七是按融资地域分类，分为国内融资和国外融资。

（二）碳汇林建设融资原则

碳汇林建设融资机制构建需要考虑融资渠道、融资方式和融资手段这3个方面的关系，每一个具体碳汇项目的融资主体对这3个方面钩稽关系作出安排时的指导思想构成了碳汇林建设融资的基本原则。

1. 融资渠道多元化

碳汇林建设仅仅依赖于一种或少数几种资金来源是有风险的，将不同来源的资金结合起来是碳汇林建设长期可持续发展的关键所在。多元化的融资组合使得当某一来源渠道的资金下降或完全不能获得时，项目的开发者和管理者能很好地应对这种不确定性。碳汇林建设的资金提供者可按照国别（国内或国外）、部门（公共或私人）、性质（营利性或非营利性）进行分类（见表2）。

表2　碳汇林建设融资渠道

资金来源	资金来源		
资金来源	公共部门	私人部门	
		营利性	非营利性
国内	政府部门 国有企业 国有研究机构	林业公司 其他部门投资者 一般投资人 大规模土地所有者	以林地为生的农民 农村社区 社区为基础的组织 非政府组织
国外	双边捐赠者 多边捐赠者（包括国际保护基金会） 研究机构	国际林业公司 其他私人部门投资者 专业直接投资者 一般投资者 国际权益资金投资人	基金会 专业特许基金 慈善捐助人 国际非政府组织

2. 融资方式多样化

多元化的融资渠道决定了融资方式的多样化。融资方式也称融资工具，是融资主体融通资金时采取的具体形式和工具。就碳汇林建设而言，目前适用于气候变化问题解决、环境保护、林业重点工程建设和森林可持续经营领域的一些常态化的融资工具，如外国援助、财政拨款、政府债券、吸收直接投资、银行贷款、发行股票、发行债券、生态服务补偿费等都可以直接采用。除此之外，有些在其他领域已经相对成熟的或一些正在出现的新型融资工具根据碳汇林的独特性改良后也可以用于碳汇林建设，如项目融资和彩票发行等。

3. 非市场和市场融资手段交融化

作为一新生事物，碳汇林建设在未来能否长期有效开展取决于早期的能力建设以及市场融资工具和机制的建立，都是政府非市场行为。但纯粹依赖政府非市场融资也不太合适，需要相应的市场机制共同解决环境问题。一方面，市场方法通常被认为能改变政府政策和法规的低效率、高成本和不公平；另一方面，市场力量促使参与者找到了解决环境问题的成本最小的方法。所以，作为解决环境问题的重要抓手，在碳汇林建设中，为提升资金使用效率，即使是政府的资金，也应该尽可能采用市场的方法投入到碳汇林建设中。

（三）碳汇林建设融资模式

目前存在的森林碳汇融资模式有政府融资、自愿捐赠和市场融资三种。政府融资依靠政府的财政支持保证实施，自愿捐赠则依赖社会成员（企业、组织及个人）的主观意愿，市场融资又可以分为直接交易融资和衍生品交易融资。政府融资和自愿捐赠是较为基础的融资模式，对森林碳汇融资活动开展的初期意义重大，市场融资则在发展完善阶段占主导地位。从森林碳汇市场的发展过程来看，政府融资、自愿捐赠是森林碳汇市场发展初级阶段的主要融资模式，随着森林碳汇市场的发展和市场机制的健全，市场融资会逐渐占据主要地位。

1. 政府融资

政府融资模式即以政府为主导的融资模式。从资金来源上看，该模式以国家财政收入为坚实后盾。一般来说，向政府获取资金支持的方式主要是获得国家的财政补贴及利用国家税收政策。

2. 自愿捐赠

自愿捐赠也是一种很重要的融资模式。捐赠方可以是单个企业、个人或社会组织，也可以由多方联合，捐赠所得款项大多用于碳汇项目建设。

3.市场融资

森林碳汇融资活动无法单纯依靠政府支持和社会各界的捐赠，以市场为基础的融资是确保森林碳汇融资活动持续健康发展的关键所在。市场融资以森林碳汇市场为依托，随着森林碳汇市场的发展而发展。森林碳汇市场融资模式主要通过直接森林碳汇交易和森林碳汇衍生品交易两个途径实现融资目的。

（四）宁夏碳汇林建设融资途径

宁夏作为西部地区、少数民族聚集地区，生态环境脆弱，大陆性气候表现十分典型，是我国生态环境最脆弱的省区之一，也是我国西部地区经济社发展比较落后的省区，是国家重点扶贫地区。"十三五"期间，宁夏正处在全面建成小康社会的关键时期和工业化、城镇化加快发展的重要阶段，如何在发展经济、改善民生的同时，促进生态文明建设，这是宁夏经济社会发展中面临着的一项重大挑战，也是加快经济发展方式转变和经济结构调整的重大机遇。根据对宁夏当前森林碳汇和金融领域的相关情况，可以通过森林碳汇抵押贷款、森林碳汇债券两种融资模式，增加碳汇投资，大力发展宁夏林业碳汇，促进林业生态资源的永续利用和可持续发展。

1. 森林碳汇抵押贷款

森林碳汇抵押贷款，简单来说就是用森林碳汇这一资产作为抵押的贷款形式。该贷款的借款人有融资需求的森林碳汇资产的所有者，既可以是投资者和当地居民，也可以是林业企业。贷款人是开展森林碳汇抵押贷款业务的相关金融机构。在森林碳汇抵押贷款中，抵押物即为借款人所拥有森林产生的经过专业机构核证的碳汇量。如果借款人不能在规定的时间内如数返还贷款并支付利息，那么贷款人就可以对被抵押的那部分森林碳汇进行处置。对于森林碳汇的处置可以通过拍卖或普通市场交易的形式进行。

进行森林碳汇抵押贷款，首先要提出贷款申请。开展此业务的金融机构就贷款的相关内容与借款人进行协商，金融机构初步同意进行该贷款后，委托森林碳汇价值评估机构对借款人持有森林的碳汇价值进行评估。收到评估结果后，金融机构根据其森林碳汇价值量确定借款人可贷款数额。如果借款人对该贷款数额无异议，则可以签订合同。待金融机构收到碳汇权证后，借款人方可获得钱款。具体贷款流程如图 3 所示。

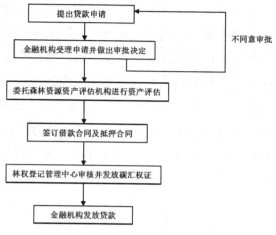

图 3　森林碳汇抵押贷款

　　宁夏可通过碳资产质押贷款融资，开展以 CCER 或 CDM 项目核定碳减排收入（CERs）碳资产质押，向商业银行（如兴业银行、浦发银行、中信银行等）申请贷款，进行碳保理融资业务。也可以通过建设林业碳汇，企业发行附加碳收益中期票据，在利息支付上则可以借鉴世界银行的方法。发行利率中既有固定的部分也有浮动的部分。对于浮动部分，企业可以设置浮动区间。

　　2. 森林碳汇债券

　　债券是债券发行方有大量资金需求时面向社会融资的一种重要方式。债券发行方可以是政府，可以是金融机构，还可以是企业。由于发行方获得了资金支持，作为代价需要向购买者支付利息。发行期结束后发行者必须向购买者归还本金。债券筹资成本比较低，筹资对象更加广泛。通过发行债券可以得到的金额数目也比较大，而且风险相对于股票要小很多，是市场经济中很重要的一种筹资手段。目前森林碳汇市场上还没有出现直接与森林碳汇指标挂钩的债券，但已经出现了基于可再生能源项目的绿色债券。自治区政府可以在发行森林碳汇债券时，利用非银行金融机构这一中介，以开展森林碳汇项目合作为名义向非银行金融机构出售森林碳汇债券，条件是项目产生的核证碳汇量归非银行金融机构所有。然后非银行金融机构向社会发行该债券，并以碳汇交易所得偿还本金和利息。自治区政府也可以支持碳汇林投资企业发行绿色债券。森林碳汇供给企业需要资金时，可以直接向森林碳汇需求企业发行，双方应当就债券的期限、抵消的碳汇量及债券利率等问题进行协商并达成协议；可以面向社会大众发行森林碳汇债券，以森林碳汇项目的名义发行森林碳汇债券。森林碳汇供给企业首先要向金融机构贷款进行森林碳汇项目建设。而为了保证借款的顺利进行，应当由国家政策性银行进行担保。当项目建成，森林产生的碳汇量经过核证并且可以交易时，企业则可以向社会发行森林碳汇债券，募集资金偿还前期贷款及利息。

专题篇

ZHUANTIPIAN

黄河宁夏段水生态治理的调研报告

李宏武

党的十九大报告提出，我们要建设的现代化是人与自然和谐共生的现代化，必须坚持节约优先、保护优先、自然恢复为主的方针，形成节约资源和保护环境的空间格局、产业结构、生产方式、生活方式，还自然以宁静、和谐、美丽。2016 年 7 月，习近平总书记视察宁夏时强调，要加强黄河保护，坚决杜绝污染黄河行为，让母亲河永远健康。自治区第十二次党代会提出大力实施生态立区战略，要自觉承担起保护母亲河的重要责任，全力打造生态优先、绿色发展、产城融合、人水和谐的沿黄生态经济带。站在新时代的起点上，加强黄河流域生态环境保护，是我们这一代人的历史使命和责任担当。

一、黄河宁夏段概况

（一）区域概况

黄河自青海流经甘肃进入宁夏后，从中卫南长滩入境，至石嘴山头道坎麻黄沟出境，形成了峡谷段、库区段和平原段三部分，全长 397 公里，属黄河上游下段，年平均入境水量 306.8 亿立方米。峡谷段有黑山峡和石嘴山峡谷两部分，全长 86 公里；库区段为青铜峡库区，自中宁枣园至青铜

作者简介　李宏武，中共宁夏区委政研室农村研究处副处长。

峡水利枢纽坝址，全长 44 公里；平原段为沙坡头至枣园段和青铜峡坝址至石嘴山大桥段，全长 267 公里，为冲积性平原河道。黄河干流宁夏段总面积 2.6 万平方公里，占全区国土面积的 39%。黄河宁夏段较大的支流主要有清水河、红柳沟、苦水河、都思兔河 4 条，年平均入黄径流量 2.2 亿立方米。

（二）经济条件

宁夏经济的黄金地带几乎全部集中于黄河干流两岸，该地区集中了 57% 的人口、80% 的城镇、90% 的城镇人口，创造了 90% 以上的地区生产总值和财政收入，是宁夏各种生产要素和经济活动最为集中的地区，形成了"能源、化工、新材料、装备制造、农副产品加工、高新科技"等"五优一新"为主体的产业体系。2017 年，宁夏黄河干流区域共完成地区生产总值 2227.36 亿元，人均 64142 元，地方一般公共预算收入 101.81 亿元，城镇居民人均可支配收入 27830.6 元，农民人均可支配收入 13040.7 元；耕地面积 607 万亩，农田实灌面积 489 万亩，分别占全区的 31%、59%。

（三）水生态条件

1. 黄河宁夏段的水资源

黄河宁夏段年平均径流量 317 亿立方米，根据 1987 年国务院黄河水量分配方案，宁夏可耗用黄河水资源量 40 亿立方米，其中，黄河干流 37 亿立方米，黄河支流地表水 3 亿立方米。每年根据黄河上游来水情况，按照"丰增枯减"的原则进行调度。近 10 年来，宁夏可耗用黄河水量平均为 35.7 亿立方米，比分配水量减少了 4.3 亿立方米。2017 年仅为 31.35 亿立方米，水质总体有所改善。

2. 河湖湿地展现"塞上江南"风貌

宁夏黄河干流湿地总面积达到 9.78 万公顷，占全区湿地总面积 19.66 万公顷的 48.2%。其中，银川市湿地面积 2.8 万公顷，占湿地总面积的 28%；吴忠市湿地面积 2.53 万公顷，占湿地总面积的 26%；中卫市湿地面积 2.59 万公顷，占湿地总面积的 26%；石嘴山市湿地面积 1.87 万公顷，占湿地总面积的 19%。据全国湿地资源调查，宁夏湿地面积增加了近 30 万亩，成为全国为数不多湿地面积增加的省（区）之一。据 2018 年 3 月 13 日召开的宁夏湿地保护修复工作会议统计的数据可知：宁夏目前共有各类湿地 310

万亩，其中国家级湿地类型自然保护区 1 处、自治区级湿地类型自然保护区 3 处、国家级湿地公园 14 处、自治区级湿地公园 10 处。

3. 水资源利用率不断提高

宁夏是一个极度缺水的地区，人均水资源利用量仅为 615 立方米，是全国平均水平的 1/3。宁夏始终把提高水资源利用率作为破解水资源瓶颈的重要抓手，实施农业节水领跑、工业节水增效、城市节水普及、全民节水文明"四大节水行动"。2017 年，全区万元 GDP 用水量为 191 立方米，万元工业增加值用水量为 41 立方米，与"十二五"相比，分别下降 14.7%、5.9%。农田有效灌溉水利用系数 0.516，与全国平均水平 0.536 相比低 0.02，与宁夏"十二五"相比，提高了 7%，累计治理水土流失面积 1.7 万平方公里。

二、黄河宁夏段水生态问题

(一) 污染问题突出

1. 入黄排水沟水质差

黄河宁夏段入黄排水沟共 56 条，列入重点治理的排水沟有 12 条，除 1 条入黄水质达到 III 类外，其他均为劣 V 类。据监测，排水沟道排放水体中含有氨氮、化学需氧量（COD）、总氮、总磷等超标污染物，每年入黄排水沟废污水入河总量为 9.5 亿吨，占耗用黄河水量的 26.6%，化学需氧量（COD）排放量为 4.6 万吨，占耗用黄河水量的 12.8%，氨氮排放量为 1.2 万吨。还有 44 条入黄沟道接纳了沿途村镇、城镇的生活污水和部分工业污水，年排水量约 18 亿立方米，占耗用黄河水量的 50.4%，对黄河水质产生了严重污染。

2. 工业企业排污口污染

截至 2017 年 12 月底，宁夏各地排查出的工业企业排污直排口达 53 个。到目前为止，已封堵 39 个，批准保留 1 个，未封堵 13 个。其中，银川市未封堵 3 个、宁东能源化工基地未封堵 7 个、固原市未封堵 3 个，吴忠市批准保留 1 个。这些以食品加工、制药、造纸、化工等为主的工业企业，所排污染物成分复杂，不但污染了排水沟道及周边生态环境，而且影响了黄河水质。

3. 污水处理未稳定达标

目前，宁夏城镇生活污水集中处理率平均只有90%，其中银川市、中卫市、吴忠市、石嘴山市城镇污水处理率分别为95.2%、96.5%、94.5%、83.1%。相对于生活污水，工业园区污染物质更为复杂、处理难度更大。宁夏31个省级及以上工业园区污水处理厂虽已进行提标改造，但尚未完全实现实时在线监控，未实现一级 A 标准稳定排放。

4. 农业面源污染区域广、污染量大

沿黄灌区农业和畜禽养殖业比较发达，产生面源污染大、范围广。据统计，沿黄 10 县（市、区）化肥施用总量为 86.5 万吨，每年入河的总氮是 31140 吨，总磷 2076 吨。根据国家北方灌区畜禽粪便入河参数统计标准，沿黄灌区的畜禽养殖业入河总氮、总磷分别为 11524 吨、513 吨。宁夏沿黄灌区畜禽粪污资源化利用率按 70% 计算，则畜禽粪便实际入河总氮、总磷分别为 3457 吨、154 吨，面源污染形势十分严峻。据测算，宁夏农药利用率不足 35%，每年使用各种各类农药达 2948.6 吨，主要以有机磷类为主，农药残留有乙草胺、2，4-D 丁酯、毒死蜱；高残留农药随降水或退水进入水体造成污染。

5. 黑臭水体屡禁不止

截至 2017 年，沿黄县（市、区）存在黑臭水体共 12 段，均分布在入黄排水沟道，总长度 52 公里。其中，银川市 9 段，总长度 30 公里；吴忠市 2 段，总长度 12 公里；中卫市 1 段，总长度 10 公里。

6. 地下水超采严重

黄河干流区域存在 5 个地下水超采区，超采区面积 741 平方公里，其中，银川市有 1 个中型孔隙承压水超采区，面积 294 平方公里；石嘴山市 4 个超采区，面积 447 平方公里。2016 年，5 个地下水超采区的超采量为 2783 万立方米，其中银川市超采量为 1987 万立方米，超采率 19.7%；石嘴山市超采量为 796 万立方米，超采率 13.2%。

（二）黄河岸线过度开发

长期以来，由于缺乏对黄河岸线的划定，岸线建筑物难以界定其是否侵占河道，造成岸线难管理。河道滩地资源的开发利用处于无序状态，一些标志性建筑或部分湖堤等在滩地上形成了永久性或连续性的工程；一些采砂场在滩地上随意大规模开挖，并将大量弃料堆存在河滩上；一些河道滩地被开发种植农作物和发展养殖业。无序开发利用，缩小了河道行洪断面，易形成汊河、横河、斜河，阻洪形成壅水，危及堤防安全。

（三）用水方式粗放

据水利部门测算，各地普遍存在着超量用水、水综合利用效率不高、用水结构不合理等现象。2017年，宁夏取水总量66亿立方米，其中农业用水量56亿立方米，占总用水量的85%以上，高于全国平均水平20个百分点；工业用水量4.5亿立方米，占总用水量的6.8%；城乡生活用水量3亿立方米，占总用水量的4.5%；湖泊生态补水量2.2亿立方米，占总用水量的3.3%。

（四）流域治理成效不明显

1. 中小河流治理率低

宁夏共有99条中小河流，投资治理了69条，流域面积在200平方公里以下山洪沟道基本未进行过系统治理，防洪标准普遍偏低。"十三五"期间，规划治理33条河流，概算投资10.0亿元，治理河长525公里，河道两岸分布着大量的城镇、村庄和农田，治理成本高、难度大。

2. 农村河道沟道难治理

河道堵塞严重，河道清淤工作开展不及时，导致年久失修而淤塞；生活垃圾，农业生产过程中产生的大量农作物秸秆随处倾倒、丢弃，导致淤塞，其中富含有机成分的垃圾腐烂则进一步加重对河道运输水体的污染，同时产生恶臭问题。

3. 水土流失尚未有效遏制

多年来，累计治理水土流失面积1.7万平方公里，水土流失治理程度只达到38.7%。区域范围内是宁夏脱贫富民战略和生态立区战略的主战场，两大流域总面积18453平方公里，占宁夏国土总面积的35.6%，其中水土流失面积8002平方公里，占宁夏水土流失面积的41%。

三、黄河宁夏段水生态保护治理的建议

黄河宁夏段水生态治理事关全局、影响全国，我们要像对待生命一样

对待黄河生态环境，一定要按照习近平总书记提出的"节水优先、空间均衡、系统治理、两手发力"治水思路，把母亲河黄河治理好、保护好，实现河畅水清、岸绿景美、人水和谐。

（一）严格规划管控

规划是黄河水生态治理的基础性工作。深入实施生态立区战略，严格落实主体功能区规划，按照《空间规划》划定的"三区三线"，统筹国土空间布局，强化源头治理，全面落实生态环境保护红线、环境质量底线、资源利用上线和环保准入负面清单硬约束，逐步完善水利发展规划、水资源规划、地下水勘察规划、农村安全引水规划、生态环境保护和建设规划、水土保持规划。将各类开发活动限制在水资源承载能力之内，依水定城、依水定地、依水定人、依水定产。从空间上明确黄河流域保护区域和范围，严格黄河岸线用途管制，按照有关法律法规和技术要求开发利用黄河岸线土地，留足河道、湖泊的管理和保护范围，非法挤占限期退出。

（二）强力铁腕治污

一是狠抓工业污水防治。全面排查装备水平低、环保设施差的小型工业企业，取缔不符合国家产业政策的小型造纸、制革、印染、炼焦、电镀、炼油等严重污染水环境的生产项目。对造纸、焦化、氮肥、有色金属、农副食品加工、原料药制造等十大重点污染排放行业进行专项整治，实施清洁化改造，全面取缔工业企业直接入黄排污口，严禁新增工业直排入黄口。二是强化工业园区水污染治理。截至 2018 年 6 月底，全区所有工业园区污水处理设施必须稳定运行，确保生产废水全收集、全处理、全达标。对偷排漏排、超标排放行为保持零容忍，严厉处罚。三是强化城镇生活污水治理。宁夏城镇污水处理厂基本实现全覆盖，但处理能力比较低，已建成的33 座城镇污水处理厂有 17 座排放不达标，占污水处理厂总数的 51.5%。加快城镇污水处理厂运行管护和配套管网建设，2018 年 6 月底实现达标排放，9 月底出水全部达到一级 A 排放标准。四是严控农业面源污染防治。制定补贴政策，鼓励支持推广使用低毒低残留农药，确保农药使用零增长，并逐年减量。实施测土配方施肥，测土配方施肥面积覆盖率达到 90% 以上，化肥利用率达到 40% 以上。加强规模化畜禽养殖污染防治，配套建设畜禽粪便储存利用设施，畜禽粪污资源化利用率达到 90% 以上。健全农用残膜回收利用、农作物秸秆利用机制，2018 年年底农用残膜回收率达到 95% 以上，秸秆综合利用率达到 85% 以上。

（三）突出节水战略地位

一是实施农业节水领跑行动。推进农业水价综合改革，推行农业用水精准计量、农业节水精准补贴。全力建设高效节水现代化生态灌区，运用现代技术、新材料新设备，规模化发展滴灌、喷灌等高效节水灌溉，发展节水型农业，实现农业大幅节水，到 2020 年全区高效节水灌溉面积达到 410 万亩。二是实施工业节水增效行动。推广水资源税改革试点经验，全面实现水资源消耗总量和强度双控，实现计划用水和定额管理。启动节水型工业园区建设，打包实施工业节水改造，推广先进实用节水技术，推进统一供水、串联用水、废水梯级利用和集中处理回用，推动企业对标达标、节水降耗、提质增效，推进水资源全面节约和循环利用，到 2020 年全区重点用水行业规模以上企业 70% 以上建成节水型企业。三是实施城市节水普及行动。全面开展城市、机关、学校、医院等节水达标建设，新建公共建筑全面采用节水器具，公共绿地全面采用喷滴灌等高效节灌方式，园林绿化、道路降尘、人造水景观补水优先使用城市再生水，到 2020 年 5 个地级市全部建成节水型城市，区、市、县三级节水型机关建成率分别达到 100%、80%、70%。四是实施全民节水文明行动。深入开展"节水护水志愿行"、中小学"六个一"、幼儿园"节水主题周"等宣传教育实践活动，利用现代科技手段搭建节水互动平台，依托广播电视、微信微博等媒介，集中开展区情水情宣传，传播、倡导节约用水理念，引领全社会形成节约用水良好风尚。

（四）优化水资源配置

强化最严格水资源管理制度，实行用水总量控制，加强地下水管理和保护，严格控制高耗水行业发展，突出灌区节水改造，发展高效节水农业，严格用水效率控制，强化用水定额和用水计划管理，开展城镇供水管网改造。贯彻宁夏生态立区战略，将湖泊生态补水放在水资源配置的优先位置，建立湖泊湿地补水名录，核定各湖泊补水指标和补水责任主体，强化督导检查，确保补水计划落实。

（五）坚持系统治理

一是加快水土保持生态建设步伐，坚持山水林田湖草系统治理。按照"政府主导、规划引领、水保搭台、部门协作、公众支持"的水土保持生态建设机制，高标准开展清水河、苦水河等小流域综合治理，实施一批生态经济型、生态清洁型小流域综合治理工程。二是实施河湖水系连通工程。持续推进河湖连通项目建设，不断完善重点区域和城市层面的河湖水系连通体系，提高区域供水安全保障能力、防洪除涝减灾能力、水生态环境保护能力。三是开展国土绿化及湿地草原保护。对湿地进行系统全面的保护，保持现有湿地面积不减少，科学修复已退化的湿地，增强湿地生态功能，保护生物多样性。加强湿地保护管理能力建设，积极推进湿地可持续利用；实施退耕还湿工程，在退出的河滩地上进行植被恢复，建立湿地生态修复机制；加强湿地保护恢复，构建宁夏湿地公园管理体系，对湿地公园恢复区进行近自然植被恢复，为鸟类迁徙提供栖息地。

（六）完善工作机制

一是明确工作责任。打好水生态治理攻坚战，全面履行党政主要负责人第一责任，落实河湖长制，对重点领域、重点企业、重点问题集中发力。严格落实属地管理责任、部门监管责任，严肃问责不作为、乱作为、慢作为、懒政庸政怠政等失职渎职行为。严格落实水污染防治工作方案，完善政策措施，加大资金投入，统筹城乡水污染综合治理。二是健全管理制度。建立健全黄河水生态治理的取水总量控制、污水排放总量控制、水文监测监管、水安全责任追究等管制性制度，形成高压态势和倒逼机制。建立健全水资源价格改革、水污染权有偿使用、水生态补偿、水权交易等选择性制度，提高水资源的配置效率。建立健全治水舆论引导、水道德教化、水科学普及等引导性制度，提高治水的认识和觉悟，促进全面治水格局的形成。三是强化任务考核。完善目标考核机制、监督检查机制、激流约束机制，加强对水生态治理各项任务的跟踪调查、目标考核和问责追责力度，对出现水环境质量恶化、重大水污染事件的实行"一票否决"，严肃问责。

宁夏生态责任追究制度研究

张 弼

党的十八大以来，党中央、国务院高度重视生态文明建设和生态文明体制改革，先后出台了一系列重大决策部署，生态文明建设纳入中国特色社会主义建设事业"五位一体"总体布局，生态文明体制改革加快。当前，我国已基本形成源头预防、过程控制、损害赔偿和责任追究的生态文明制度体系。四类制度体系紧密联系、相互贯通、有机统一，其中"责任追究"制度是其他三类制度体系的重要保障之一。为进一步强化党政领导干部生态环境和资源保护职责，有力保障生态环境责任落实，2015 年 8 月中共中央办公厅、国务院办公厅印发《党政领导干部生态环境损害责任追究办法（试行）》（以下简称《办法》），有力推动了生态文明建设从国家战略向制度保障方向落地。

一、责任追究制度在宁夏的落实情况

责任追究制度的追责主体固然应该包括导致生态环境损害的所有个体或单位，但是生态环境的公益性特征决定了政府应当负担生态环境损害的主导责任。党政领导干部作为主要决策者，理应是第一责任人。正如习近平总书记于 2018 年 5 月在全国生态环境保护大会上指出，"地方各级党委

作者简介 张弼，中共宁夏区委党校副教授。

和政府主要领导是本行政区域生态环境保护第一责任人"，"对那些损害生态环境的领导干部，要真追责、敢追责、严追责，做到终身追责"。只有抓住党政领导干部这个"关键少数"，才能有力地确保落实党委政府保护生态环境责任，加快生态文明体制改革，进一步促进生态文明建设。从这个意义上讲，党政领导干部生态环境损害责任追究是责任追究制度的重点指向。

2016 年 11 月，宁夏回族自治区党委办公厅、政府办公厅联合印发《宁夏回族自治区党政领导干部生态环境损害责任追究实施细则（试行）》，各市县也相继出台了实施细则。根据宁夏生态环境厅官方网站披露的信息不完全统计，近年来全区多名党政干部因生态环境问题被问责追责（见表1）。

表 1　近年来宁夏党政领导干部生态环境损害责任追究典型案例

时间/区域	问责事由	处理措施
2017 年 11 月/全区	贺兰山国家级自然保护区内违法违规开发建设破坏生态；中卫腾格里沙漠整改工作不到位；部分地区落后产能淘汰工作推进不力等问题	问责厅级领导干部 12 人，县处级干部 78 人，乡科级及以下人员 35 人；给予党纪政纪处分 72 人（其中，结合组织处理 4 人）；诫勉 53 人
2017 年 12 月/银川市	距离国家"大气十条"考核目标差距较大，在"蓝天保卫战"工作中行动慢、不到位、不彻底、不精准	书面检查 4 人；免去现职 3 人；行政警告处分 1 人；诫勉 3 人
2017 年 12 月/中卫市	全区秸秆焚烧检查巡查中发现部分市县辖区有出现火点	约谈 3 人；通报批评 3 人；提醒谈话 9 人；中宁县拘留 3 人，问责 3 人
2017 年 12 月/石嘴山市	全区秸秆焚烧检查巡查中发现部分市县辖区有出现火点	分别对执行禁烧不力的 8 个责任人进行约谈、诫勉谈话和经济处罚
2018 年 6 月/银川市灵武市	灵武市再生资源循环经济示范区突出环境问题整改不力	撤销党内职务、（政府常务副市长）行政撤职处分 1 人；给予党内警告处分 1 人；记过处分 2 人
2018 年 6 月/银川市永宁县	永宁县和有关部门、企业对泰瑞制药等药企异味扰民问题整改效果不明显，群众不满意	记过处分 3 人
2018 年 6 月/银川市	兴庆区沟道水污染；金凤区水源地整治和环境卫生整治不到位；永宁县杨和镇杨和工业园区宁夏吉祥建材厂砖机噪音扰民等问题	对 32 名在环保工作中落实责任不力的公职人员进行了追责问责，其中，党纪政务处分 7 人，诫勉谈话 15 人，其他问责方式 10 人

整体而言，宁夏责任追究制度以各级环保督察为契机，在秸秆焚烧、自然保护区侵占、群众反映强烈的扰民问题等方面精准发力，问责追责力度不小。但从宏观制度体系层次来看，责任追究制度与其他生态文明制度体系衔接配套局面尚未形成，主要表现在以下两个方面。一是在主体功能区和生态红线制度方面，由于缺乏制度和技术指引等接口，相关衔接不畅，导致个别党政领导干部在对责任边界不明晰、对问责评判标准和机制不清楚以及对损害生态环境的后果认识不到位的情况下被问责追责。二是在绩效考核、自然资源负债表编制和离任审计等制度方面，由于缺乏相关制度方法、核算手段、标准体系等机制和技术，相关配套不足，导致现阶段的问责多以各级督察为契机，缺乏由完善的保障制度体系所支撑的问责实践。

二、责任追究制度与生态文明制度衔接配套的必要性

从生态文明制度体系整体要求来看，四类制度体系逻辑相关、前后对应、因果衔接、有机统一，责任追究制度与其他生态文明制度相衔接配套是其整体作为制度"体系"的应有之义。一方面，从各类生态文明制度个体内涵来看，所谓"责任追究"必然是针对"源头预防"、"过程控制"和"损害赔偿"中出现的问题来追责，本着"坚持党对一切工作的领导"的基本方略，"有权必责"、"党政同责"和"终身追责"必然贯穿其他三类制度其中，因此，必然要求我们找准衔接接口、创新配套机制。另一方面，要使责任追究更具有针对性、精准性和可操作性，必须为其提供科学准确标准和依据，这样才能使各级党政领导干部在制订规划、行政审批、重大决策、制定政策等领导行为过程中，明确哪些事情可以为之，哪些事情不可以为之；明确执行生态环境资源政策和标准的基本尺度；明确违反生态文明相关制度要承担的后果和责任。

理论和实践需要均表明，作为生态文明制度体系的重要组成部分，党政领导干部生态环境损害责任追究制度还需与其他生态文明相关制度体系相衔接配套。对于生态脆弱、生态地位重要、生态文明体制改革相对滞后的宁夏而言，结合宁夏实践经验和实际情况，尤其要与主体功能区、生态红线、差异化考核、编制自然资源资产负债表和自然资源资产离任审计等

生态文明制度相配套衔接，才能使党政领导干部生态环境损害责任追究制度落到实处，进一步深化宁夏生态文明体制改革。

三、宁夏实施责任追究制度的建议

（一）与主体功能区制度衔接配套

实施主体功能区制度是发展、建设和保护国土空间的一项基础性、战略性、约束性制度，是实施宁夏党政领导干部生态环境损害责任追究制度的基础性工作和重要依据。一是树立新的国土空间开发理念。提高对落实主体功能区制度必要性的认识，采取多种形式，加强推进形成主体功能区的宣传，使主体功能区战略深入党政干部的"心"和"脑"。切实把深化落实主体功能区作为适应经济发展新常态，实现全面建成小康社会目标的重要内容；作为推进生态文明建设，实施党政领导干部生态环境损害责任追究制度的一项基础性工作。二是坚持深化细化。按照宁夏主体功能区规划确定的国土空间开发理念、开发原则、主体功能定位、发展方向和目标，结合宁夏实际，以县市为地域单元，科学合理规划重点开发、限制开发和禁止开发区域。重点开发区域应落实到城市和重点发展镇，限制开发区域的农产品主产区和重点生态功能区应落实到乡镇和村，明确各城市、各乡镇的主体功能、发展定位、发展重点和发展方向，为实施党政领导干部生态环境损害责任追究制度提供科学可靠的空间边界和区域主导功能测度。三是建立国土空间动态监测管理体系。建立覆盖全区、统一协调、及时更新、反应迅速、功能完备的国土空间动态监测管理体系，对规划实施情况进行全面监测、分析和评估，实现网格化管理。四是整合全区地理信息资源。加快多部门多单位互联互通的地理信息空间平台，加强对水资源、水环境、土壤环境的监测，不断完善水文、水资源、土壤环境、水土保持等监测网络系统，为实施党政领导干部生态环境损害责任追究制度提供科学依据、快速响应与判别技术。

（二）与生态红线制度衔接配套

生态保护红线是指依法在重点生态功能区、生态环境敏感区和脆弱区等区域划定的严格管控边界，是维系国家和区域生态安全的底线，是支撑经济社会可持续发展的关键生态区域。宁夏虽然是环境和资源相对较弱的省份，但在全国"两屏三带"为主体的生态安全格局中却担负着重要的生态功能。2018 年 6 月 30 日，自治区人民政府发布《宁夏回族自治区生态保护红线的通知》，明确了 9 个片区和 5 种生态功能类型的生态红线保护范围。与管控政策和责任追究制度的衔接配套应当从以下几点入手：一是研究预设违反生态红线制度情景、损害评估技术程序和责任追究实施细则者严肃追究责任。建立和完善相应的法律法规和保护标准，以便有法可依，切实使生态红线范围内的生态环境得到有效保护。二是理顺生态红线内各管理主体之间的关系与机制，协调好区域内和各区域之间在发展与保护方面的利益均衡，制定生态红线范围内的生态补偿政策，使受保护区域和发展区域在利益上趋于均衡，促进区域协调发展，从根本上避免生态环境损害，尤其是生态红线突破和生境侵占。

（三）与差异化考核制度衔接配套

考核制度和责任追究制度是生态文明建设空间治理体系的两个重要环节，都是属于在生态文明和生态环境资源保护中强化干部管理的范畴。在深化落实主体功能区制度的基础上，依据主体功能在重点开发、限制开发和禁止开发区域，建立差别化的生态文明政绩考核制度，形成体现生态文明要求的指标体系、考核办法、奖惩机制，提高干部考核的客观真实性和责任追究制度的针对性、准确性、科学性。一是建立和落实以主体功能区为基础的空间治理体系。按照国家的统一部署，在深化落实主体功能区制度的同时，把国家和宁夏的主体功能区规划和各类主体功能图、目录具体落实到各县市，积极推进市县级空间规划改革，建立功能明确、界限清晰、落地生根、严格管制、科学考核的空间治理体系，为实施党政领导干部生态环境损害责任追究制度提供基础和依据。二是制定体现不同功能和符合各地实际的差异化考核内容和指标体系。在重点开发区域，应实行以"绿色发展"为导向的生态文明建设绩效考核评价机制；在农产品主产区，应实行以"绿色农业"为导向的生态文明建设绩效考核评价机制；在重点生态功能区，应实行以"生态优先"为导向的生态文明建设绩效考核评价机制；在禁止开发区域，应根据国家法律法规和规划要求，按照保护对象确定考核内容，强化对自然文化资源原真性和完整性保护情况的评价，主要考核依法管理情况、保护对象完好程度以及保护目标实现情况等内容，不考核或少考核旅游收入等经济指标。

（四）与自然资源资产负债表制度衔接配套

探索构建自然资源资产负债表，对全区各地的自然资源资产进行科学、全面的评估。准确掌握自然资源资产的现状和动态变化情况，客观检验在生态环境保护与建设方面取得的工作成效，及时发现和解决自然资源资产开发利用与管理方面存在的主要问题，为全区建立自然资源资产产权制度和用途管制制度提供工作基础；为开展领导干部自然资源资产离任审计和建立生态环境损害责任追究制度提供依据；为加快推进生态文明建设，按照不同区域的主体功能实行差异化的生态文明考核提供技术支撑。一是开展编制自然资源资产负债表各项基础工作。应在深化落实主体功能区的基础上，开展自然资源资产调查，摸清本地自然资源资产的种类、数量和近几年主要自然资源资产的变化情况，为编制自然资源资产负债表提供基本数据。二是坚持突出重点，确保针对性。自然资源资产负债表所选择的指标既要能够全面反映各区域自然资源资产的基本类型，符合自然资源保护的内涵，又要突出主要生态系统和重点自然资源资产的特征，客观反映各区域自然资源资产的实际状况，使其具有较强的针对性。三是坚持定性与定量结合，逐步规范的原则。目前，国家在自然资源资产核算方面还没有统一规范的价值量核算标准。为此，开展相关工作初期，可充分运用现有的技术手段和工作基础，以自然资源资产的数量、质量、存量和流量考核为主，并在实践中逐步探索，条件成熟时，实施全方位的核算与考核。

（五）与自然资源资产离任审计制度衔接配套

领导干部自然资源资产离任审计制度是党政领导干部生态环境损害责任追究制度最直观最精准的支撑保障。一是抓紧做好各项基础工作。尽快编制自然资源资产负债表，建立和完善自然资源资产产权制度、自然资源资产管理和监管制度、主体功能区和国土空间开发制度、生态环境损害责任终身追究制度、生态环境损害赔偿制度等，积极推进完善自然资源资产登记制度、自然资源资产保护目标责任制度等，建立完善自然资源资产管理保护考核评价体系，为开展领导干部自然资源资产离任审计奠定基础。二是按照国家的统一部署，选择基础条件较好的区域开展宁夏领导干部自然资源资产离任审计试点，为全面开展领导干部自然资源资产离任审计提供经验，为实施党政领导干部生态环境损害责任追究制度提供依据。

宁夏构建环境保护格局研究[*]

——以环保督查反馈为视角

徐 荣

2018 年 6 月，中央第二环保督察组对宁夏开展了为期一个月的第一轮环保督查整改"回头看"以及针对水环境问题的专项督查。督查指出，宁夏整改工作虽然取得重要进展，但一些地方和部门还存在思想认识不高、推进落实不力的问题，一些整改任务没有达到预期目标，甚至出现虚假整改、表面整改、敷衍整改的情况。自治区党委、政府高度重视存在的环保问题，自治区第十二次党代会确定将"环境优美"作为发展目标，并将"生态立区"作为三大战略之一，深入推进绿色发展。因此，坚决打好污染防治攻坚战，不断改善宁夏生态环境，依然任重道远。通过对环保督查中涉及的相关内容进行分析，提出解决环境问题的对策及建议，并对生态环境保护进行思考，以期对宁夏环境保护工作的开展有所启发。

一、宁夏在环保督查中涉及的相关内容分析

（一）督查整改中发现的问题

在督查中始终坚持问题导向，指出存在的普遍问题和典型案例。落实国家环保决策有差距，思想认识不到位；重经济发展，在经济发展中引进

作者简介 徐荣，宁夏社会科学院助理研究员。

* 本文系宁夏哲学社会科学规划项目"宁夏环境执法存在的问题及对策"（18NX-CFX02）的阶段性成果。

污染企业，为发展经济牺牲环境的思想依然存在，不能把发展经济与环境治理辩证统一地看待；许多被督查的问题存在已久，比如引发中央高度重视的腾格里沙漠违法排污问题、群众投诉多的药企异味扰民问题等；存在整改敷衍、不扎实及表面整改等。2016 年的环保督查指出了宁夏在招商引资中间体项目，存在污染防治资金减少，大气、局部水体环境质量下降，自然保护区生态破坏问题突出，以及腾格里沙漠污染、贺兰山自然保护区生态破坏等重大环境问题，问责时未追溯决策审批责任等问题。在 2018 年的督查中有些整改任务未达到预期目标，有敷衍的情况存在，并在反馈中点名相关党委、政府、部门、企业。例如永宁县制药企业气味扰民、银川市"东热西送"、石嘴山开发区抽查发现 17 家企业环境违法违规、贺兰山东麓 82 家小型葡萄酒庄废水直排整改、石嘴山大武口"冰雕大楼"事件、入黄排水沟整改等。

（二）督查发现问题的主体、内容及区域

从存在问题的主体来看，部分市县党委政府存在推进监督不力的问题，牵头整改部门和配合部门执行不力、不重视、不作为。污染来源的主体主要是工业园区及重污染企业，涉及制药业、铁合金、碳化硅、活性炭、葡萄酒、小煤炭加工企业等。从问题发生的领域来看，主要集中在大气污染、水污染、侵占自然保护区等方面。其中工业园区污染、药企异味扰民、企业废气收集、落后工艺和治污水平改善、入黄排水沟整治、哈巴湖自然保护区环境、白芨滩国家级自然保护区环境等在二次督查中问题依然存在。从问题发生的地域来看，主要集中在城市及周边地区。

（三）督查问题整改的情况

1. 直面问题，逐一整改，出台重要政策措施

按照反馈意见梳理出相关具体问题，确定整改完成时限，逐一整改销号。截至 2018 年 8 月 31 日，督察组交办的 1339 件生态环境问题已基本办结。出台了《关于推进生态立区战略的实施意见》《落实绿色发展理念加快美丽宁夏建设的意见》《"蓝天碧水·绿色城乡"专项行动方案》《宁夏重点入黄排水沟 2016—2018 年污染综合整治行动计划》《宁夏回族自治区"十三五"控制温室气体排放实施方案》《宁夏回族自治区全面推行河长制

《工作方案》等一系列政策措施，印发党委政府及有关部门环境保护责任的通知等。

2. 严格执法，严厉查处

二次督查交办的 1339 件生态环境问题中，立案查处 300 家，罚款 2407 万，立案侦查 17 件，拘留 12 人。仅 2017 年，宁夏各级环保部门累计实施行政处罚 758 件，罚没款金额 8921.82 万元，其中按日计罚 10 件，处罚金额 1534.707 万元，查封扣押 70 件，限产停产 102 件，移送行政机关拘留案件 33 件，移送涉嫌环境污染犯罪 11 件。

3. 追责问责严肃严厉

根据督查反馈的 8 个生态环境损害责任，最终有 125 名责任人被问责。其中厅级领导干部 12 人，县处级干部 78 人，乡科级及以下人员 35 人；给予党纪政纪处分 72 人（其中结合组织处理 4 人）；诫勉 53 人。

4. 信息公开全面透明

两次督查的反馈内容、整改方案、整改方案主要措施落实情况、整改进展情况、问责情况等在相关网站、报纸媒体等平台全面公开。

二、环保督查反馈问题的对策和建议

（一）区分城市和乡村环境治理

城市和乡村在环境污染来源、污染严重程度等方面有差异，因此在环境保护工作开展方面也应当有所区别。一是城市环境治理。城市污染主要是大气污染、水污染、土壤污染。污染源有制药、煤炭、化工企业产生的工业污染，以及采暖锅炉、交通运输、扬尘、生活垃圾等。宁夏在发展经济的同时，并发污染症状。在治理城市污染方面，一方面要强化源头把控。以督查为契机，推进供给侧结构性改革，推动绿色经济的发展，转变招商引资的理念，加强企业的污染防治，大力发展绿色民营经济。另一方面加强治理。对污染企业不能采取"一刀切"，应采取"管、关、罚"。在处罚污染企业的同时，要督促污染企业加强污染控制，提高技术水平，通过政府引导、资金支持等方式让企业也切实担负起应当承担的污染防治责任。大力发展公共交通，创造绿色出行条件，减少交通运输污染。二是乡村环境治理。虽然督查中关于乡村污染问题的反馈较少，但是乡村环境污染不容忽视。十九大提出要实施乡村振兴战略，并提出产业兴旺、生态宜居、乡风文明、治理有效、生活富裕的总要求，说明实施乡村振兴战略对生态环境保护也是有要求的。宁夏乡村污染主要是水污染和土壤污染。来源的范围比较固定，主要来源于生活垃圾，养殖垃圾，秸秆焚烧，农药、化肥的不科学施用等，工业污染存在情况比较少，基本上依靠村民的自觉和配套设施的完善就可以解决。因此需要借助乡村振兴战略的实施，利用乡规民约，同时争取相关资金，增强村民的环保参与意识；发挥村党支部的领导核心作用，带领村民坚持走绿色发展道路，建设美丽乡村。在发展中坚持生态和产业互相促进。积极推进建设生态农庄、田园景观、原生态旅游休闲项目等，既改善生态环境又发展经济。通过发展乡村绿色经济，激发村民的环保热情。乡村与城市有着不可切断的密切联系，城乡人员频繁流动，乡村已不再封闭，乡村的生活方式和习惯不断与城市接轨，但却缺乏城市生活垃圾处理的必要设施，导致乡村污染加剧。因此，有必要加强乡村生活污染源处理设施的建设，与此同时要防止城市污染向乡村转移。

（二）法治框架下的环境保护

习近平总书记指出："只有实行最严格的制度、最严密的法治，才能为生态文明建设提供可靠保障。"环境保护也不例外。一是强化生态环境行政执法作用。环境执法是相关国家职能部门的一项重要行政权力，在依法保护环境中要做到依法严厉查处各类环境违法行为。依法惩治涉环境犯罪。依法查处环境违法行为不单是对执法人员执法行为的约束，也是对依法享受权利却不能够履行法律义务的人追究相关的法律责任。在环境执法过程中全面推行行政执法公示、全过程记录、重大行政执法决定法制审查制度，促进行政机关严格依法行政，公正文明执法，提高行政执法的质量和效率。在行政执法过程中要努力提高执法透明度，对执法过程、处罚结果、处罚依据等进行跟踪公示，接受社会监督，防止法外开恩、法外处罚的情形发生。规范证据的提取，防止因证据问题造成处罚的被动。一切用证据说话，用证据还原事实、认定事实。二是守好生态环境的司法防线。依法打击涉环境刑事犯罪。涉环境犯罪分为一般主体与特殊主体，一般主体触犯的罪名主要是污染环境罪、非法猎捕杀害珍贵濒危野生动物罪等；特殊主体即对环境监管负有一定职责的公职人员涉及的罪名，主要是环境监管失职罪、违法发放林木采伐许可证罪等环境渎职犯罪。两类刑事案件经过国家公诉、公开宣判以及媒体的跟进报道，一方面能够引发干部群众对环境污染案件的关注，震慑预防相关犯罪，另一方面能够警示监督者勤勉地履行职责。因此，在依法打击涉环境刑事犯罪中要求侦查机关的全面取证，公诉机关的严格审查，以及人民法院的依法审判。要开展好环境公益诉讼工作。有数据显示，自 2017 年 7 月初宁夏检察机关正式开展公益诉讼工作至 2018 年 10 月底，宁夏检察机关民事、行政诉讼部门共发现公益诉讼线索 586 件，立案 518 件，其中行政公益诉讼案件 486 件，民事公益诉讼案件 32 件。立案案件中，生态环境和资源保护领域 388 件，占比近 75%。这种公益诉讼通过支持起诉、督促起诉、诉前建议、提起诉讼等多种方式展开，取得了一定的成效。要继续深入开展公益诉讼工作，由检察机关和环保组织通过诉讼的方式，让生态环境的破坏者承担赔偿责任和生态修复责任，实现"谁污染谁治理"的目标，倒逼个人提高污染防治意识，企业提高污染防治水平。

（三）发挥相关部门职能作用，减轻环保部门压力

2018 年 4 月 16 日，中华人民共和国生态环境部正式揭牌。11 月 12 日，新组建的宁夏回族自治区生态环境厅正式挂牌，增加了应对气候变化和减排、监督防止地下水污染、编制水功能区划、排污口设置管理、流域水环境保护、监督指导农业面源污染治理等职责。国家从顶层设计上在推动环保职能的联合，地方实践中也有联合下文、联合执法等措施。环境保护牵涉地方政府、环保、国土、水利、农林等诸多部门，涉及空气、土地、水资源、森林、草地、矿产、动植物资源等等。但是环保部门因为其职责的专项性，在环保工作中"挑大梁"，除进行内部职责划分、优化职能作用发挥外，在人员配备、岗位技能培训等方面需要编制管理部门、人力资源和社会保障部门支持；在资金配套方面，需要财政支持；在行政执法过程中需要国土资源、水利、林业、交通运输等部门配合；在涉环境犯罪案件查处中要加强与公检法工作衔接；在污染物处理上，得到科学技术部门的支持等等。确定各职能部门各自职责范围内的环保任务，谁主管谁负责，防止推诿，权责清晰，预防"环保问责"成为"问责环保"。

（四）环境保护中企业、社会组织、群众的参与

政府的职能机构由于职能设置、人员状况、资金限制等，无法解决所有的环保问题，需要借力具有公益属性的环保组织，解决政府职能无法触及的"部位"。一是引导企业，落实环境保护主体责任。在我国经济转向高质量发展的新阶段，企业是市场经济和环境保护的双重主体，对企业来说污染防治不仅是法律和社会责任，更是生存的现实需要。要加强企业环境保护法律法规知识培训，提高法律意识。采取财税激励措施，调动企业的污染治理积极性。二是引导基层组织、群团组织开展环保活动。指导环保技能培训，扩大环保影响力，借鉴各地区开展环保进单位、进校园、进家庭等活动的做法，开展以单位、校园为载体，吸引家庭为单元的环保活动。环保组织具有组织性、自愿性、积极性、自律性等优秀"品质"，其作用不容小觑。采用"互联网+环保互动"形式，如"宁夏环境保护"公众号中的有奖签到活动，类似"蚂蚁森林"虚拟树，积分得名次即可获得物质奖励，通过与互联网企业合作，将健康出行、低碳生活、建言献策、举报监督、参与环保活动等数据进行积分，评价个人的环保行为，进行奖励，达到激励的目的。

（五）强化环保责任意识，做足环保宣传

环保的宣传需要不断采取措施引起公职人员、企业自身的高度重视及充分调动群众积极性，让他们在环境保护中"知""行"一致。一是对于公职人员和企业要强化责任意识。通过相关案例宣传的警示，组织涉环境犯罪的庭审旁听等，强化公职人员履职意识。对于企业要采用宣传法律法规，国家激励、惩罚政策，让企业在发展中切实感受到发展绿色经济的福利，转变不重视环保的理念。二是保障公众的知情权、参与权。扎实推进环保政务公开。通过官方网站、公众号发布相关信息，让群众享有充分的知情权，知道政府在环保方面开展了哪些工作、如何开展、取得了什么样的成效、面临哪些问题。三是转变传统宣传方式。通过动态宣传的方式，吸引群众有效参与。例如官网找差错、网络问政、实际体验环保工作、实况了解环保执法、开展环保开放日、环保有奖知识问答、社区环保达人积分换礼、随手拍曝光环保问题、招募志愿者参与环保组织等活动，既调动群众积极性，又增加环保力量。四是畅通举报反馈渠道。目前的举报渠道，"12369"环保热线、"12369"网络平台、环保部门官网、微信公众号、致信投诉等。从督查中反馈的问题来看，许多问题是经过多次投诉举报的，投诉有门，但反馈有问题，严重影响政府公信力和群众积极性。只有畅通反馈渠道，及时反馈处理结果，才能调动群众参与的积极性，督促企业转型升级，加强社会责任。要突出环境污染对个体危害的宣传，让政府和群众成为利益共同体，引导群众主动参与保护环境、污染举报及对行政权力的监督。

三、宁夏在环境保护格局构建中的思考

环境保护需要多种方式的投资，但在实施过程中，也要把握度，既要讲效率也要讲效益，因此在环境保护中我们还需要注意以下两方面。

（一）政府在环境保护中的成本控制

2015—2017年各级财政用于宁夏环保投入情况，如下图所示。

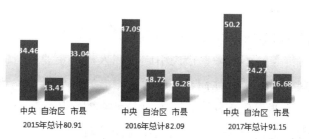

2015—2017年全区各级财政用于环保的投入（单位：亿元）

2018年围绕污染防治工作重点，加大环保投入力度，预算统筹安排农林水等方面污染防治和生态环保资金80.09亿元。从这几年财政投入环保的情况可以反映出，宁夏的环保投入不断加大，但环境污染治理中难免存在企业污染、政府买单现象。目前宁夏环境保护还是政府主导型，企事业单位、社团组织、群众的参与程度不高。环境保护作为政府工作的一项重要内容，必然要投入人力、物力、财力等成本，但在环境保护资金投入方面，

也应让企业加强投入。在政府管理层面，要避免走盲目增加组织架构建设的路线，要发挥已有组织架构体系内环保力量的作用，不以简单增加财政负担的机构和人员编制解决问题。同时要调动公益性、自治性环保组织、人民群众的参与积极性，发动社会力量，在污染防治中合理分配"任务"，减轻政府负担。

（二）环保问责的控制

根据宁夏回族自治区通报的中央环境保护督查移交生态环境损害责任追究问题的情况，督查组发现的 8 个生态环境损害责任追究问题，共计对 125 名责任人严肃问责，下至乡科级，上至厅局级，其中县处级为主要问责主体，占比 62.4%。仅督查移交的 8 个环保问题，2017 年就有 125 人被问责，还不包括因其他环境问题被问责的干部人数。环保问题的出现是有违法乱纪的情况，但是有些环境问题的出现，是多因一果，不完全由环保工作人员的主观原因导致，比如在地方为政绩引入污染企业这一问题上，环保部门很少有发言权，但是造成污染后环保工作人员就被问责。环保虽然有监督、查处的职责，但是在具体问题发生时要注意职权、职责的划分，从问题产生的源头上追责，同时控制问责的范围。问责范围的控制不仅包括不扩大问责范围，更包括容错机制。环境保护的队伍建设不是朝夕之事，要打造环保铁军，惩罚难免，但对于能够踏实履行职责的干部，即使被问责，也要畅通任用渠道，减少问责对干部开展工作带来的消极影响。

中央环保督察和"回头看"反馈问题整改是一个契机，宁夏在整改过程中的一系列措施、方法，对今后环境污染的治理具有指导意义。整改销号后，我们还会遇到新的问题，因此在环保问题上我们要始终牢记习近平总书记"建设美丽新宁夏，共圆伟大中国梦"的殷切期望，扎实抓好生态环保各项工作，全方位保证环保工作的扎实开展，做好污染攻坚战的长期准备，确保党中央关于生态环保的决策部署在宁夏的坚决落实。

宁夏煤改清洁能源政策经济效益与
环境效益的综合评估

贺　茜

近年来，为了减少燃煤污染，改善空气质量，打赢蓝天保卫战，中国北方多个省市全面实施散煤综合治理，施行煤改清洁能源政策，推进煤改清洁能源采暖改造，大力推进北方地区冬季清洁取暖。随着政策的相继落实，宁夏的环境质量必会有一定程度的改善，散煤燃烧造成的大气污染定会有明显降低。本文通过对宁夏天然气替代燃煤政策与电力替代燃煤政策的经济效益和环境效益分别进行评估，综合评估煤改气、煤改电政策的成本与收益，以期为宁夏煤改清洁能源政策的施行提供理论依据。

一、煤改气政策经济效益与环境效益的分别评估

（一）煤改气政策的经济效益

天然气替代燃煤的经济效益关注使用天然气比使用燃煤的价格高多少。在评估煤改气政策经济效益的过程中，要按照等热值原理比较同等热值条件下的天然气与燃煤的价格。首先计算天然气和燃煤的热值比。1立方米天然气的热值约为8000至9000大卡，这里设定1立方米天然气的热值为8500大卡。我国规定1千克标准煤的热值为7000大卡。按照热当量换算，1立方米天然气提供的热值相当于1.214千克标准煤提供的热值。其次计算

作者简介　贺茜，宁夏社会科学院研究实习员、经济学硕士。

天然气和燃煤的原始价格比，计算公式为原始价格比=天然气单价/标准煤单价。天然气价格使用宁夏回族自治区物价局公布的居民生活用气中第一档的价格，标准煤价格使用在2017—2018年度采暖期结束后的秦皇岛港5500大卡动力煤的价格进行折算后得出。宁夏的供暖时间为2017年11月1日—2018年3月31日，故供暖期结束后的第一个工作日为2018年4月2日。由Wind资讯终端查询的数据知，秦皇岛港5500大卡动力煤2018年4月2日的平仓价为597元/吨，由计算公式标准煤单价=原煤单价×原煤热量/标准煤热量可得，标准煤单价为469.07元/吨。下面以省会城市银川市为例，计算使用天然气与使用燃煤的价格比。对于银川市来说，2018年6月10日起，居民生活用气中第一档的价格为1.81元/立方米，由计算公式得银川市1立方米天然气价格是1千克标准煤价格的3.859倍。最后计算同等热值条件下天然气与标准煤的实际价格比，需按照能源等热值原理进行换算，计算公式为实际价格比=原始价格比/天然气与标准煤热值比。因此，银川市的天然气实际价格为标准煤实际价格的3.178倍。计算结果表明，在任意的热值条件下，对于银川市来说，以天然气替代燃煤需付出3.178倍于燃煤价格的成本。

（二）基于成本收益分析的煤改气政策的环境收益与环境成本的综合评估

在计算环境净收益时可使用成本收益分析法，即环境净收益等价于环境收益与环境成本的差值。根据同等热值条件下天然气、燃煤和石油燃烧时主要污染物的排污量，即可计算出一个热值单位能源替代的环境收益和环境成本，从而得出天然气替代燃煤的环境净收益。为了全文单位上的统一，本文以百兆卡热值为基本单位。

煤改气政策的环境收益可由同等热值条件下燃煤燃烧时主要污染物的排污量与天然气燃烧时主要污染物的排污量的差值来衡量，具体数值展示在表1中。

计算煤改气政策的环境成本如下。

根据天然气和标准煤的单价及计算公式能源支出=能源单价×百兆卡/能源热值可知，宁夏产生百兆卡热值所需的天然气支出为21294.118元，产生百兆卡热值所需的燃煤支出约为 6701 元，因此超额支出为 14593.097 元。而这部分超额支出只能由营业利润来支付。由国家统计局地区数据的分省年度数据可知，2016 年宁夏工业企业营业利润为 112.97 亿元，工业增加值为 1054.34 亿元，因此可得营业利润约占地区生产总值的 10.71%。这意味着宁夏 14593.097 元的超额支出需要 136196.213 元的总产出支付。由 2017 年《宁夏统计年鉴》中的数据可知，2016 年宁夏的能源消费总量为 5789.1 万吨标准煤，地区生产总值为 3168.59 亿元，则宁夏单位 GDP 能耗为 1.827 吨标准煤/万元。对于宁夏来说，创造 136196.213 元的总产出需消耗 24.883 吨标准燃煤，即 174.184 兆卡热值。

由 2017 年《宁夏统计年鉴》中的数据可知，2016 年能源消费构成中，煤炭，石油，天然气，水电、风电及光伏发电分别占能源消费总量的 86.3%、4.8%、4.8%及 4.1%。对于宁夏来说，174.184 兆卡的能耗中煤炭消耗的热值约为 150.321 兆卡，石油消耗的热值约为 8.361 兆卡，天然气消耗的热值约为 8.361 兆卡，水电、风电及光伏发电消耗的热值约为 7.142 兆卡。

环境收益=主要污染物的燃煤排污量–天然气排污量。环境成本的计算方法为：以宁夏兆卡热量天然气、燃煤和石油的排污量为权数，以前文计算求得的消耗的热值为权重，然后加总计算，最终得出生产过程中每项污染物的排污量，即环境成本。以灰分为例，灰分的排污量为 8.361（天然气消耗热值）×1（兆卡热量天然气的灰分排污量）/100+150.321（燃煤消耗热值）×148（兆卡热量燃煤的灰分排污量）/100+8.361（石油消耗热值）×14（兆卡热量石油的灰分排污量）/100=191.26。计算得到的宁夏能源替代的环境收益、环境成本与环境净收益如表 1 所示。其中，同等热值条件下天然气、

表1　宁夏进行能源替代的环境收益、环境成本与环境净收益

燃烧产物	天然气	燃煤	石油	环境收益	环境成本	环境净收益	环境成本为环境收益的倍数
灰分	1	148	14	147	223.73	−76.73	1.52
二氧化硫	1	700	400	699	1085.77	−386.77	1.55
二氧化氮	1	10	5	9	15.53	−6.53	1.73
一氧化碳	1	29	16	28	45.01	−17.01	1.61
二氧化碳	3	5	4	2	8.10	−6.10	4.05

燃煤和石油燃烧时主要污染物的排污量数据参考巫永平等（2014）[1]中使用的数据。

从表 1 中的计算结果可得，各项污染物的环境成本均高于环境收益，即环境净收益小于零。对于各项污染物的环境成本为环境收益的倍数范围，二氧化碳的倍数明显高于其他四种污染物，达到 4.05 倍，其他四种污染物的倍数范围集中于 1.52 至 1.73 倍。

（三）宁夏煤改气政策评价与建议

结合宁夏的区情与计算中所用到的相关数据，分析得到宁夏环境净收益为负的原因主要有以下三点：一是天然气价格相对燃煤的价格较高，从直接成本来看，这使天然气替代燃煤的直接成本增高；从间接成本来看，这使推广天然气承担较高的超额支出，导致了较高的环境成本。二是宁夏的生产方式相对粗放，单位 GDP 能耗较高。宁夏的单位 GDP 能耗约为中国的 3.118 倍，远高于全国平均水平，表明宁夏仍处于高消耗的经济发展阶段，这使得创造高额超额支出所产生的排污量较高。三是从能源构成上看，宁夏的煤炭占总能源消耗的比重较高，且燃煤相较石油与天然气的排污量更高，使得计算污染物排放量时的权数及权重都较大，导致环境成本较高。由于多方面因素，在当前区情条件下，使用天然气代替燃煤政策的效果并不如通常认为的那么好。天然气相对价格较高，产业素质较低，能源消费结构较为依赖煤炭，使得煤改气政策的环境成本较高，空气治理效果受到影响。因此，要想通过推广使用煤改气政策来改善环境质量，需要逐步转变经济发展模式，降低单位 GDP 能耗，减少对煤炭的能源消费依赖度，使天然气相对价格与宁夏经济社会发展水平相协调。

二、煤改电政策经济效益与环境效益的分别评估

（一）煤改电政策的经济效益

评估煤改电的经济效益同样要按照等热值原理比较同等热值条件下的电力和燃煤价格。首先，计算电和燃煤的热值比。国家统计局规定等价热

---

[1] 巫永平，喻宝才，李拂尘. 基于成本收益分析的"天然气替代燃煤政策"评估——兼论天然气替代燃煤的经济效益和环境效益[J]. 公共管理评论，2014，16(1).

值的电力折算标准煤系数为 0.404 千克/千瓦时，即 1 千瓦时电提供的热值相当于 0.404 千克标准煤提供的热值。其次，计算电和燃煤的原始价格比。计算公式为原始价格比=电单价/标准煤单价。电价使用宁夏回族自治区物价局公布的居民生活用电中的第一档的价格，标准煤价格同样使用秦皇岛港 5500 大卡动力煤 2018 年 4 月 2 日的平仓价 597 元/吨。折算后标准煤单价为 469.07 元/吨。再次，计算使用电力与使用燃煤的价格比。宁夏全区居民生活用电第一档的价格为 0.4486 元/千瓦时，由计算公式得宁夏 1 千瓦时电的价格是 1 千克标准煤价格的 0.9564 倍。最后，计算同等热值条件下电力与标准煤的实际价格比。需按照能源等热值原理进行换算，计算公式为实际价格比=原始价格比/电与标准煤热值比。因此，宁夏电力实际价格为标准煤实际价格的 2.367 倍。计算结果表明，在任意热值条件下，对于宁夏以电力替代燃煤需付出 2.367 倍于燃煤价格的成本。

（二）煤改电政策的环境效益

由《中国能源统计年鉴（2017）》中公布的分地区 2016 年发电量数据可知，2016 年度宁夏的发电量为 1144.38 亿千瓦时，其中火力发电量为 953.56 亿千瓦时，水力发电量为 14.02 亿千瓦时，风力发电量为 125.47 亿千瓦时，太阳能发电量为 51.34 亿千瓦时，无核能发电。根据这些数据可计算得出宁夏各种发电形式的发电量占比。计算公式为各类发电形式占比=各类发电形式发电量/总发电量。计算结果为宁夏火力、水力、风力、太阳能发电量占比分别为 83.33%、1.23%、10.96%、4.49%。水能、风能、太阳能及核能均为清洁能源，故水力发电、风力发电、太阳能发电、核能发电均认为是不产生污染物的发电形式。而火力发电是利用可燃物燃烧时产生的热能通过发电装置转换为电能的发电方式，可燃物的原料包括煤、煤气、油、天然气等，这些可燃物燃烧会产生工业废气、烟尘、二氧化硫、氮氧化物等污染物，造成环境污染。本文将计算宁夏火力发电产生的污染物，并与火力发电中产出电力与投入热力提供的热值之和所需提供同等热值的原煤的排污量进行比较，以此分析煤改电政策的环境效益。由《中国能源统计年鉴（2017）》各省市能源平衡表中的数据及由国电环境保护研究院编制的《4411 火力发电行业产排污系数使用手册》中提供的火力发电行业中各类原料产生各种污染物的产污系数数据，根据计算公式产污量=燃料消耗量×产污系数，计算得出宁夏火力发电中9种投入原料相应的排污量。这里使用产污系数而不是排污系数是因为每种原料有多种末端处理技术，无法确定处理方式，故为了能有统一的比较标准而使用产污系数，产污系数与原料采用直排时的排污系数相等，但通常高于采用其他末端处理技术的排污系数，所以此种方式会使计算所得出的排污量数据有些偏大。其中各种油品除石油焦外统一使用燃油的产污系数，转换煤气的产污系数参照天然气，其他能源的产污系数参照煤炭。燃煤火力发电的产污系数取决于火力发电厂的单机容量，2009年，我国30万千瓦及以上火电机组占全部火电机组的比重接近70%，故选取原料为煤炭的单机容量为250~449兆瓦的产污系数进行计算。当烟尘和二氧化硫的产污系数计算公式中存在基灰分（Aar）和基硫分（Sar）时，在通常原料所含物质的大致范围中进行一定的假设，如煤炭是参考三省市燃煤灰分及硫分的平均值并进行适当取整，假设 Aar=10，Sar=0.8；煤矸石含硫量一般划分为小于2%、2%~4%以及大于4%的范围，假设 Sar=2；可作为燃料用于火力发电的高硫石油焦含硫量在4%以上，假设 Sar=4。最终计算得到的宁夏的火力发电各类原料排污量如表2所示。

《中国能源统计年鉴（2017）》中公布的2016年宁夏火力发电的电力产出量为996.47亿千瓦时，投入的热力为317.85万百万千焦，将产生电力所耗费的热量换算成标准煤的数量，计算公式为电力产生热量（大卡）=电力×860，千焦与大卡的换算公式为1千焦=0.2389大卡，得出结果为1225.32万吨标准煤，换算成原煤即除以原煤的折标准煤系数0.7143，得到需要原煤的数量为1715.41万吨。利用《4411火力发电行业产污系数使用手册》中燃煤产生各种污染物的产污系数数据计算提供同等热值所需原煤在火力发电时产生的排污量，结果如表3所示。

在环境效益方面，比较各省市火力发电各类原料排污量之和与提供同等热值所需原煤产生的排污量结果。由计算结果可知，各项排放物火力发电排污量均高于提供同等热值所需原煤排污量，前者对后者的倍数范围为2.60—2.82倍，表明使用火力发电并没有较直接燃煤方式降低污染物的排

表 2　宁夏火力发电各类原料排污量

排放物	单位	煤炭	煤矸石	燃油	焦炉煤气	高炉煤气	天然气	其他能源	总量
工业废水量	吨	2960792.20	682951.80	1586.00	71820.00	866160.00	153900	62150.10	31444360.10
化学需氧量	吨	1225.83	72.38	0.10	2.22	26.79	4.7595	2.57	1334.65
工业废气量	万标立方米	42983715.94	531111.06	2899.52	54419.17	262521.33	90233.77	44624575.79	42983715.94
烟尘	吨	4568319.77	400576.65	0.65	13.82	166.66	29.6115	18880.07	4987987.22
二氧化硫	吨	601143.62	3138.48	10.95	9.40	113.40	20.1495	1261.95	605697.96
氮氧化物	吨	590788.23	1049.85	17.06	326.52	3937.82	2798.7	1240.22	600158.38

表 3　宁夏提供同等热值所需原煤产生的排污量

排放物	最终产污系数	提供同等热值所需原煤的数量（万吨）	排污量	单位	火力发电排污量为提供同等热量原煤排污量倍数
工业废水量	0.669	1715.41	11476111.49	吨	2.74
化学需氧量	27.7		475.17	吨	2.81
工业废气量	9713		16661804	万标立方米	2.68
烟尘	203.23		1770820.61	吨	2.82
二氧化硫	13.584		233021.67	吨	2.60
氮氧化物	13.35		229007.61	吨	2.62

放量。即使计算得出的各类原料火力发电排污量之和的数据会较实际偏大，但根据前后两者数值相对量与绝对量的大小，仍有理由认为各项排放物的前者确实大于后者。

我国目前大部分的电力供给来自火力发电厂，即需要燃烧煤、煤气、石油或者天然气等可燃物来产生电力。这个过程中会发生能量损耗，即燃料蕴藏的能量只有一部分能转换为电能，其余的能量会通过各种途径损耗掉。由前文计算可知，宁夏的发电形式主要为火力发电，发电的燃料主要包括煤与煤气，其他燃料的占比较少。若不考虑其他用途和来源，电能完全用来供暖并且都是由燃烧煤转换而来，由于能耗的存在，使用电能取暖产生的污染必然会大于直接使用煤供暖产生的污染。但是电能在其他方面也有着重要的用途并且不完全由燃煤产生，故直接对比用电取暖和用煤取暖的污染物排放量相对大小的结果会存在一定误差，但仍具有一定的参考意义。

现比较燃煤发电取暖、直接燃煤取暖与天然气发电取暖排污量的相对大小。已知1度电的热值为860大卡，通过燃煤发电得到860大卡热值需0.429千克煤，通过天然气发电则需0.161立方米天然气。而由电力以热当量计的折算标准煤系数为0.1229千克/千瓦时可知，通过直接燃烧煤炭得到860大卡热值需要0.1229千克标准煤，即0.172千克原煤。因此，使用燃煤发电再进行供暖所需的煤比直接燃烧煤炭取暖所需的原煤多，产生的污染物必然也更多。使用天然气发电再进行供暖产生的污染物最少。表4列示出3种不同取暖方式各自产生的各类排放物的数量。这里使用的最终产污系数与上文计算排污量所用的产污系数相同，燃煤发电取暖和直接燃煤取暖使用的是煤炭的产污系数，天然气发电取暖使用的是天然气的产污系数。

由表4可知，使用燃煤发电再通过电力取暖的途径产生的污染物最多，其次是直接使用原煤取暖，产生污染物最少的取暖方式是使用天然气发电再通过电力取暖。

（三）宁夏煤改电政策评价与建议

由以上计算可知，对于宁夏来说，煤改电政策在降低污染物的排放量

表4 三种不同取暖方式产生各类排放物的排污量

取暖方式	排放物（单位）	最终产污系数	得到860大卡所需煤/天然气数量（千克/立方米）	排污量	单位
燃煤发电取暖	工业废水量（吨/吨）	0.669	0.429	287.001	克
	化学需氧量（克/吨）	27.7		11.883	毫克
	工业废气量（标立方米/吨）	9713		4.167	标立方米
	烟尘（千克/吨）	203.23		87.186	克
	二氧化硫（千克/吨）	13.584		5.828	克
	氮氧化物（千克/吨）	13.35		5.727	克
直接燃煤取暖	工业废水量（吨/吨）	0.669	0.172	115.068	克
	化学需氧量（克/吨）	27.7		4.764	毫克
	工业废气量（标立方米/吨）	9713		1.671	标立方米
	烟尘（千克/吨）	203.23		34.956	克
	二氧化硫（千克/吨）	13.584		2.336	克
	氮氧化物（千克/吨）	13.35		2.296	克
天然气发电取暖	工业废水量（千克/立方米）	0.54	0.161	86.940	克
	化学需氧量（毫克/立方米）	16.7		2.689	毫克
	工业废气量（标立方米/立方米）	24.55		3.953	标立方米
	烟尘（毫克/立方米）	103.9		16.728	毫克
	二氧化硫（毫克/立方米）	70.7		11.383	毫克
	氮氧化物（克/立方米）	9.82		1.581	克

方面效果不够好，主要原因有以下两点：一是电力价格相对燃煤的价格较高，使电力替代燃煤的直接成本较高；二是宁夏进行火力发电的原料中煤炭占比较高，且煤炭相对其他原料的产污系数更高，使得火力发电排污量较高。由于多方面因素，在当前区情条件下，使用电力代替燃煤政策的效果并不如通常认为的那么好。电力相对价格较高，火力发电原料较为依赖煤炭，使得煤改电政策的环境成本较高，空气治理效果受到影响。要想通过推广使用煤改电政策来改善环境质量，同样需要逐步转变经济发展模式，适度降低火力发电原料中煤炭的占比，使电力相对价格与宁夏经济社会发展水平相协调。另外，使用天然气发电再通过电力取暖的方式相对燃煤发电取暖来说产生污染物更少。故推行煤改电政策时需明确电力的来源，若电力大部分是通过燃煤得来的，政策效果可能会受到一定影响，使用天然气发电取暖的方式会使煤改电政策的效果更好。

三、宁夏煤改清洁能源政策综合评价

结合宁夏实际，目前煤改清洁能源政策成本较高使得能源替代时机尚不成熟，但环境保护本就投入成本高且回报周期长。在当前的国情下，加大环境保护力度刻不容缓。宁夏需逐步转变经济发展模式，使天然气、电力相对价格与宁夏经济社会发展水平相协调，将在一定程度上提高煤改清洁能源政策的经济效益；在制定环境相关政策时若能从能源消费总量、能源结构、能源能效水平等方面有针对性地确定控制目标，将有助于提高煤改清洁能源政策的环境效益，降低政策成本。

宁夏彭阳县乡村生态旅游研究

宋春玲

发展生态旅游是生态文明建设大背景下实现旅游业可持续发展的必由之路，也是实现国家和地区旅游脱贫和精准扶贫的有效战略。在乡村生态旅游发展的过程中，注重对乡村传统文化的保护和挖掘，有益于培养当地居民的文化自豪感，从而使优秀文化得到继承。乡村生态旅游为新农村建设提供了有力支撑，有利于农村新兴产业发展，有利于农村环境面貌改变，有利于乡风文明建设，有利于农民素质的提高，有利于村庄建设特色化，有利于为新农村建设吸引投资，加快改变农村面貌、增加农民收入，促进生产发展和生活富裕。由此可见，乡村生态旅游必将成为乡村振兴的有力抓手，为美丽新宁夏建设作出贡献。

一、乡村生态旅游的特点与意义

乡村生态旅游是指发生在乡村区域的，以农业产业为支撑的、以乡村环境和典型的乡村生态旅游资源为吸引物而展开的一种以生态旅游为理念的乡村旅游活动。乡村生态旅游以田园风光、农事参与、民俗体验为主要形式，融观光体验、认知与旅游活动为一体，以农业支撑、以人为本、生态保护、社区参与、收入反馈、生态家园建设等为乡村旅游发展的主要原则。

作者简介 宋春玲，宁夏社科院农村经济研究所（生态文明研究所）助理研究员。

（一）乡村生态旅游的特点

1. 乡村生态旅游必须有良好的乡村生态环境作为基础

没有乡村环境，这种旅游活动就不能成为乡村生态旅游；没有良好的生态环境，旅游者就不可能为之吸引，旅游业就不能产生和发展。因此，乡村生态环境是乡村生态旅游赖以存在的基础。

2. 乡村生态旅游必须遵循生态旅游的原则

乡村生态旅游之所以区别于一般意义上的乡村旅游，就是在于它具有生态旅游的本质特征。注重在旅游发展的过程中对乡村生态环境的保育和建设，注重旅游者在乡村生态旅游过程中的知识获取，注重旅游活动为当地社区和当地居民带来经济上的收益。

3. 乡村生态旅游促进生态环境改善

一方面，乡村生态旅游的开发，应采用集约型的资源利用方式替代原有的粗放型的资源利用方式，推广无公害的绿色种植方式，使用环保、节能的建筑材料，为自然资源的优化作出贡献；另一方面，乡村生态旅游开发，应有选择地对乡村优秀文化进行保护（特别注重对非物质性文化遗产的保护），对乡村传统的人文资源挖掘和传承作出贡献。

（二）乡村生态旅游的意义

1. 发展乡村生态旅游，有利于丰富旅游产品结构

乡村生态旅游以乡村空间环境为依托，以乡村范围内一切可吸引旅游者的资源为依托（如：独特的生产形式、生活方式、田园风光、特色乡村建筑、民俗风情、乡村文化等），吸引游客在乡村社区内进行观光、游览、休闲、度假、劳作体验以及娱乐、购物等活动。

2. 发展乡村生态旅游，有利于农村产业调整

发展乡村生态旅游，有利于调整大农业内部各产业之间的比例关系，有利于把地方的资源优势转化成产品优势。通过旅游业的前后向产业拉动，促进农村商业、通信、餐饮、旅游纪念品的加工、工艺品制造等行业的发展，使农村走出一元经济的束缚，走上农业产业化、农村市场化的三产并存的道路。

3.发展乡村生态旅游，有利于农民增收和增进农民福祉

乡村生态旅游的发展，能为农民提供新的就业机会，从而提高农村收入。目前，我国农村剩余劳动力的就业压力很大，大量的流动人口严重影响着城市和农村的稳定。通过旅游，使广大乡村地区成为区域关注的焦点，有利于社区居民获得更多的社会福祉。

4.发展乡村生态旅游，有利于推广生态旅游的理念

生态旅游是目前全球最受欢迎的旅游形式之一，乡村生态旅游提供机会让都市居民认识农业，了解农村动植物生长过程，体验农村生活及农村文化，改善环境卫生，提升环境品质，维护自然生态平衡。

5.发展乡村生态旅游，有利于乡村文化的挖掘和传承

在长期与自然协同进化的过程中，农村积淀了很多生态文化的内容。但在都市功利思想的冲击下，这些内容没有经过仔细的鉴别就被淹没在城镇化的浪潮中，乡村文化的多样性在减少。通过乡村生态旅游的发展，有鉴别地开展传统文化的抢救和保护工作，有利于民俗文化的继承和发扬，有利于创造出风格特殊的农村文化。

二、彭阳县乡村生态旅游发展成效

在宁夏主体功能区划初步研究中，彭阳县被划为限制开发区。限制开发区为水源涵养和水土保持区，应以生态环境的建设和保护为主。坚持保护优先、适度开发、点状发展，逐步形成区域性的生态屏障；坚持尊重自然优先，努力克制盲目工业化和单纯追求量的扩张，淘汰或迁移能耗高、污染大的企业；坚持实行补偿转移支付，支持公共服务设施建设和生态环境的保护，相应发展特色产业；鼓励生态旅游的发展。从彭阳县主体功能区定位分析，发展乡村生态旅游是区域重要的产业发展方向。彭阳县始终坚持"生态立县"的方针，发扬"勇于探索，团结务实，锲而不舍，艰苦创业"的彭阳精神，植树造林，改土治水，初步实现了"山变绿、水变清、地变平"的目标，尤其是 2001 年开始的退耕还林还草工程，增加了彭阳县的生态资产，生态环境步入良性循环的历史性转变，产生了品位很高的生态旅游资源。彭阳县乡村生态旅游既适应主体功能分区定位又加快了乡村

振兴的脚步。

由于彭阳县乡村生态旅游在总体上还处于初级发展阶段，对于吸引游客至关重要的因素——乡村自然生态大环境、村落社区生态环境、农业生态环境、生态旅游产业要素（生态住宿、生态餐饮、生态购物、生态交通等设施与服务）还没有放在重要位置，与游客对自然生态环境的纯净度、优美度，对人文生态环境的"乡土味""地方性""民族性"，对农业生产系统的生态性和食品卫生的安全性越来越高的要求不相适应。提高乡村旅游的生态品质，是彭阳县乡村旅游健康发展的关键问题。

目前，宁夏旅行社组织到彭阳县的"一日游""两日游"产品缺乏完整性，缺乏宣传、促销，市民对这种旅游缺乏了解。市民出行主要采取自我服务的组织方式，以单位、家庭和亲朋好友为主要团体形式。彭阳县乡村生态旅游以中、低消费水平为主，因为其产品为初级水平，在消费构成中，以交通、餐饮、住宿开支为主，娱乐、购物等其他开支较低，导致整体消费水平低。尽管如此，彭阳县乡村生态旅游市场仍有较大潜力。随着假日旅游经济的发展，假日期间，旅游者需求呈现出多样化趋势，城市郊区及大城市周边旅游市场将普遍火爆，"农业旅游""生态旅游"等产品畅销。而以生态建设闻名的彭阳县正具有这些畅销的旅游产品。

三、彭阳县乡村生态旅游发展 SWOT 分析

（一）彭阳县乡村生态旅游发展的优势分析

1. 资源的独特性和区域环境的无污染性

近年来，彭阳县积极进行生态农业示范县和生态农业示范点的推广建设工作，以大力提高当地的农业生产水平。目前，全县已经形成了一些特色生态农业种植基地，并以举办节事活动带动农业观光旅游的发展，取得了良好的经济效益和社会效益，尤其是生态效益。茹河水利风景区内有茹河生态园、石头崾岘水库、悦龙山森林公园、茹河瀑布等景点，2012 年 10 月，被水利部命名为茹河国家水利风景区。

2. 生态饮食文化

坚持突出特色、保证质量、满足需求，追求精品的原则，积极发展全

县的旅游餐饮服务。一是结合彭阳地方文化，重点挖掘与整理有地方特色，并引进改造一批外地特色菜肴，形成彭阳体系。二是以彭阳的绿色农产品为资源，深入开发马铃薯、野菜、土鸡、羊肉、小米、荞面、燕面、豆面、地椒、朝那鸡（彭阳鸡）、红梅杏等土特产品，做精做细，使之成为有彭阳特色、色、香、味、形俱佳的旅游食品饮品。三是以乡村游为契机，积极开发以农村家常菜肴为主的大众菜谱，重点开发荤汤长面、豆面散饭、燕面糅糅、荞面饸饹、凉粉鱼鱼等乡村粗茶淡饭系列特色菜肴，以风味独特和价格低廉吸引游客。

3. 纯朴的民风民俗

民俗风情在旅游中一直占有十分重要的地位，对旅游质量也会产生较大的影响。彭阳县地处黄土高原，肥沃的黄土高原孕育了古老的中原文化，培育了彭阳人民纯朴的民风民俗，这也必将对彭阳县开展生态旅游产生积极而深远的影响。

4. 重大的考古发现

彭阳县姚河源西周遗址考古发现具有重大意义，该遗址是西北地区首次发现的西周诸侯国级别的墓葬，颠覆了学界"周人文化未过陇山"的论断，也印证了文献中周宣王"料民于大原"的史料记载，把六盘山地区的建制史提前了近 1000 年，也把商周的版图向西北扩展了 1000 多里。

（二）彭阳县乡村生态旅游发展的劣势分析

1. 交通条件亟待改善

彭阳县周边地区经济不发达，群众生活不富裕，出游条件差，支付能力弱。从地理位置看，彭阳县虽然处于银川、兰州、西安三个省会城市的中心，但距离都在 300 公里以上，无高速通达条件。虽有铁路通向银川、西安，但车次少，速度慢，卧铺票少，因此交通条件还亟待改善。

2. 基础设施薄弱

彭阳县是一个农业县，经济总量偏小，产业结构单一，招商难度大，旅游项目建设困难较多。距周边核心旅游集散城市距离较远，在所属地区无旅游资源集中的游览路线，境内交通道路等级不高，乘坐火车、飞机需经停固原，交通耗时长。县城住宿条件标准低，缺少相应的娱乐、餐饮接待、旅游公司等服务设施和助游措施，游、购、玩等相关产业未发展起来。

3. 专业人才缺乏

彭阳县的生态旅游，基础条件比较差。旅游开发有热情，缺点子；有资源，缺资金；有劳力，缺人才。干部群众虽然支持旅游产业的发展，但是与外界交流少，思想比较保守，观念相对落后。

（三）彭阳县乡村生态旅游发展的机遇分析

1. 乡村生态旅游是城市居民向往的热点

近年来，随着社会经济的发展和人民生活质量的提高，人们对融入自然、返璞归真的向往与日俱增，亲身体验大自然和农村山清水秀的田园风光，亲手尝试一些农家活，亲自采摘农田的新鲜果蔬的农家游已越来越吸引着都市里的人们。每逢周末或节假日，都市里的人们喜欢暂别喧闹嘈杂的环境，走出钢筋水泥丛林的围困，走进山林，寻古探幽，踏青乡野，怡情冶性，享受天地和谐的乐趣，一股乡村寻趣的绿色之旅已悄然兴起。

2. "旅游扶贫"助力脱贫攻坚

彭阳县坚持以习近平新时代中国特色社会主义思想为指导，认真学习宣传贯彻党的十九大精神，以"创新驱动、脱贫富民、生态立区"三大战略为指导，切实增强"四个意识"，坚定"四个自信"，积极创建全域旅游示范县，大力弘扬"不到长城非好汉"的宁夏精神，力争在旅游产业升级等方面寻求新的突破，以 "旅游扶贫"助力脱贫攻坚，从而实现旅游富民。

3. 乡村生态旅游必将成为乡村振兴的有力抓手

发展乡村生态旅游可以带动产业振兴，促进农民增收致富；发展乡村生态旅游，培育观光农业、休闲农业、高科技农业、休闲渔业、农业科普等诸多现代农业新业态，可以有效改变农村发展单纯依靠一产的局面，促进农村经济结构调整，也带动农民增收致富；发展乡村生态旅游，可以大力弘扬社会主义生态文明观，用保护生态的理念引领农民走一条绿色发展之路。

（四）彭阳县乡村生态旅游发展的挑战分析

1. 生态环境的脆弱性

宁夏彭阳县被国家环保总局批准为全国生态示范区以来，认真落实

《彭阳县全国生态示范区建设规划》，结合新农村建设和农村小康环保试点，坚持山水田林路草综合治理，努力建设"绿色彭阳"，经过多年的不懈努力，彭阳县生态环境得到明显改善。但是由于大环境的恶劣，其生态十分脆弱，任何无意识或有意识的破坏性开发都有可能造成对生态系统的破坏，这将是彭阳县旅游发展过程中具有挑战性的问题。

2. 相似性旅游产品的竞争

彭阳县周边各省市都在根据自己的"相对优势"发展特色产业，这必将对彭阳县初具规模的特色产业带来严重的冲击。比如杏加工产业是彭阳的优势支柱产业之一，也将成为彭阳县生态旅游产品之一，但是邻近的甘肃镇原地区所具有的杏产业优势与彭阳有许多相似之处，而且镇原地区的杏系列产品在质量和包装上都要略胜一筹。虽然目前彭阳的杏加工产业没有受到明显冲击，但是如果不在质量检测、深化加工、转变管理体制、促进生产规模等方面加大改革力度，就只能沦为这一领域的附庸产品，甚至有失去原有市场份额的危险。

四、彭阳县发展乡村生态旅游的对策建议

（一）坚持政府主导

坚持政府主导的方针，针对旅游业经济发展，各级党委政府应出台一系列政策措施，加大对旅游产业发展的财政投入，确保彭阳县乡村生态旅游整体快速发展。乡村生态旅游是美丽中国生态文明建设与传播必不可少的重要载体之一，是乡村振兴建设的有力抓手，是"建设美丽新宁夏，共圆伟大中国梦"的实现路径之一。旅游产业开发建设必须坚持规划先行。要在全县旅游规划的大框架下，邀请区内外专家对全县的重点旅游景点进行设计，提出具体的开发方案，加快旅游景点开发建设。同时，发改、建环、交通、文广、农科、林业等部门（单位）要按照全县旅游产业总体规划的要求，尽快制订旅游交通、旅游住宿、旅游餐饮、旅游购物、旅游娱乐等详细规划，有步骤地推进全县旅游产业的开发建设。编制规划要坚持以资源为依托，以市场为导向，以文化为内涵，以特色为根本，既要立足当前、科学定位，又要考虑长远，适当超前，确保全县旅游产业发展与国

内市场高度融合，紧密衔接。通过规划，有效整合旅游资源，建设旅游精品，优化产品结构，提升产业竞争力，确保彭阳县旅游产业可持续发展。

（二）创新发展模式

创新是引领发展的第一动力，是建设现代化经济体系的战略支撑。加快建设创新型国家，党的十九大报告进一步明确了创新在引领经济社会发展中的重要地位，标志着创新驱动作为一项基本国策，在新时代中国发展的行程上将发挥越来越显著的战略支撑作用。实施创新驱动发展战略，对改善生态环境、建设美丽中国也具有积极意义。创新带来的高新技术用于改造提升传统产业、传统设备，提高生产效率，由此降低资源能源消耗，减少环境污染，解决发展不平衡不充分的一些突出问题，以一个更美丽的中国、更适宜的人居环境来满足人民日益增长的优美生态环境需要。石泰峰书记在 2017 年 11 月召开的全域旅游发展推进大会讲话中指出，发展全域旅游要在推进产业全域联动上下功夫、做示范，要在"旅游+"上持续发力，带动第一、第二、第三产业融会贯通，向全业态发展。要做好"旅游+"这篇文章，就必须大力实施创新驱动战略，把旅游业融入经济社会发展全局，推进宁夏旅游向全景全业全时全民的全域旅游转变。

（三）项目带动，打造品牌

按照"政府牵头、市场运作、项目带动"的思路，认真实施旅游项目带动战略，以项目促进旅游资源开发，带动旅游资源的整合。要充分利用彭阳县良好的生态环境、丰富的人文景观和红色旅游资源，积极争取项目，广泛招商引资，以无偿转让旅游景点开发权、免征税收等优惠的条件吸引区内外客商前来投资，坚持高标准、高起点，建设几个有特色、有影响、有市场、有效益的精品旅游景点，打响彭阳旅游品牌，把旅游资源优势转化为经济产业优势。积极建立部门间有效的协调组织机制，形成全社会支持旅游产业发展的大环境。要尽快成立县旅游局，配备工作人员和办公设备，加强职能配置，充分发挥牵头协调作用。食品药品、建环、林业、文广、安监等部门（单位）要密切配合，共同做好旅游定点饭店评定、旅游区（点）等级评定等工作，强化旅游市场监管，规范旅游市场行为。加强旅游交通运输、安全防范、商品质量和服务价格、食品卫生等方面的管理，确保旅游市场健康稳步发展。完善对旅行社的监督和管理，加强旅游行业的诚信教育和职业道德教育，提高旅游管理水平和服务质量。

（四）大力宣传，开拓市场

强势的宣传是做大做强旅游产业的前提。要定位"针灸鼻祖——皇甫谧故里、宁夏东山文化之乡"的整体形象，充分发挥各种媒体作用，采取多种形式，大力加强彭阳的对外宣传。在彭阳的东西出口、县城车站等公共场所设立大型户外宣传广告栏，突出"红色彭阳、绿色彭阳"主题，切实加大对外宣传推介。将彭阳的旅游景点、民俗风情拍成专题风光片，制作成光盘，在主要客源市场的媒体和有关旅游节目中播放，并印制彭阳旅游地图、景点宣传折页等宣传资料，在区内外各种旅游活动上发放，扩大彭阳的旅游知名度。充分利用互联网，进一步完善彭阳旅游网页的信息和内容，增强彭阳对外吸引力。积极举办旅游与会议、展览、文化、体育、经贸等相结合的节庆活动，提高彭阳在区内外旅游市场的知名度。同时，加强与区内外旅行社的合作，通过他们的推介，扩大彭阳的对外宣传。

区域篇
QUYUPIAN

2018 年银川市生态环境报告

陈宁飞

2018 年，银川市认真学习贯彻习近平新时代中国特色社会主义思想，全面落实党的十九大和自治区第十二次党代会各项生态环境保护决策部署，坚持"绿色、高端、和谐、宜居"城市发展理念，以打好污染防治攻坚战为主线，全力推进环境质量改善，全市生态环境建设取得了阶段性成效。

一、重点指标及任务完成情况

（一）环境质量目标完成情况

1. 空气质量大幅改善

截至 2018 年 10 月 31 日，全市优良天数为 216 天，较去年同期增加 21 天，剔除沙尘天数后优良天数比例达到 80.5%，可吸入颗粒物（PM10）平均浓度同比下降 21.9%；细颗粒物（PM2.5）平均浓度同比下降 21.7%，均达到了自治区考核要求。在生态环境部关于 2018 年上半年全国空气质量状况通报中，银川市位居 169 个城市空气质量改善幅度第 3 名，群众的蓝天幸福感不断提升。

2. 水环境质量稳中有升

2018 年 1—10 月，黄河银川段水质稳定达到 II 类标准，实现"II 类进

作者简介　陈宁飞，银川市环境保护局干部。

Ⅱ类出"。典农河（西夏区—金凤区南绕城高速公路旁）平均浓度为Ⅴ类标准，未达到地表水Ⅲ类考核目标，其余地表水断面均达到考核目标要求；黑臭水体整治已完成销号；南郊、北郊、东郊 3 个饮用水水源地水质达标率保持在 100%；地下水质量考核点位水质保持稳定；重点入黄排水沟水质较去年明显改善，10 月份，银新干沟入黄口水质达到地表水Ⅲ类标准，四二干沟、第二排水沟入黄口水质达到地表水Ⅳ类标准。

3. 土壤环境质量总体良好

截至 2018 年 10 月底，全市农产品质量和土壤人居环境安全情况总体平稳，未发生因耕地土壤污染导致农产品出现质量问题且造成不良社会影响的事件，以及疑似污染地块或污染地块再开发利用不当且造成不良社会影响的事件。

（二）主要污染物排放总量控制目标完成情况

2018 年，自治区要求银川市二氧化硫较 2015 年下降 22.04%，重点工程减排量 3718.2 吨；氮氧化物较 2015 年下降 15.76%，重点工程减排量 3433.1 吨；化学需氧量较 2015 年下降 14.30%，重点工程减排量 4871 吨；氨氮较 2015 年下降 8.27%，重点工程减排量 493 吨。截至 2018 年 10 月底，82 个大气污染减排项目中，2018 年实施的 54 个已全部完成；2017 年建成的 28 个减排项目持续发挥减排效益；8 个水污染物重点减排项目中，2017 年建成的 6 个持续发挥减排效益，2018 年实施的 2 个水污染物重点减排项目已全部完工；经初步测算，二氧化硫、氮氧化物、化学需氧量、氨氮四项污染物均可完成年度减排任务。

（三）自治区交办的重点任务完成情况

2018 年，自治区交办银川市环保重点任务 100 项，已完成 89 项，完成率为 89%。其中，44 项大气污染防治任务，已完成 40 项，4 项正在推进；20 项水污染防治任务，已完成 17 项，3 项正在推进；19 项土壤污染防治任务，已完成 18 项，1 项正在推进；6 项生态环境保护任务，已完成 5 项，1 项正在推进；3 项环境应急管理任务已全部完成；8 项中央环保督察整改任务，基本完成 6 项，2 项正在推进。

（四）污染防治重点项目完成情况

2018 年，自治区交办银川市污染防治重点项目 410 个，截至 2018 年 10 底，已完成 346 个，完成率 84.4%。大气项目 392 个，完成 337 个，完成率 86%，其中大气治理项目 315 个，完成 285 个，完成率 90.5%；能力建设项目 77 个，完成 52 个，完成率 67.53%。水污染防治重点项目共 18 个，已完成建设 9 个；永宁县第一污染厂扩建、贺兰县水源地规范化建设、月牙湖乡滨河家园污水处理 3 个项目正在推进；灵武市再生资源示范区污水处理厂人工湿地水质净化、临港产业园尾水人工湿地水质净化及回用工程、宁夏生态纺织园示范区污水处理厂二期工程 3 个项目正在做前期准备工作。

二、重点工作推进情况

（一）提高站位，加大投入，全力做好生态环保工作

银川市坚决贯彻党中央、国务院重大决策部署，落实自治区党委、政府关于生态文明建设和环境保护的工作要求。银川市政府始终把环境保护工作作为"一把手工程"，完善生态文明建设目标和评价考核办法，制定出台《银川市党政领导干部生态环境损害责任追究办法实施细则（试行）》，实行重点环保任务交办和量化问责机制，压实党委、政府及相关部门环境保护责任。大幅提高生态环保指标在效能目标管理考核中的比重，对中央环保督察反馈问题整改情况、自治区交办的重点环保任务实行不封顶扣分措施。截至 2018 年 10 月，市纪委监委对 74 名环保问题整改不及时、贻误工作的责任人进行问责。同时，加大生态环境保护投入，2018 年投入 61 亿元，其中市级财政投入 17.5 亿元，较 2017 年增长 72%。

（二）牵头抓总，统筹推进，抓好督察问题整改

结合实际，银川市先后出台了《银川市贯彻落实中央第八环境保护督察组督察反馈意见整改方案》《银川市领导和厅级领导同志包抓重点环保问题工作方案》《银川市大气污染专项整治攻坚行动方案》等 60 个工作方案，确保相关问题整改到位。2016 年中央第八环境保护督察组反馈银川市需整改的环境问题共 24 项，2018 年需整改 7 项，已完成 4 项，其余 3 项

正在推进，计划年底前完成整改并销号；转交 205 件投诉件，已办结 203 件，办结率 99%，永宁县北控水务废水超标排放和永宁县 3 家生物制药企业异味扰民转办件仍在持续整改。2018 年 6 月，中央第二环保督察组对宁夏开展"回头看"督察期间，银川市共收到群众投诉问题转办件 33 批 616 件，已办结 597 件，办结率 97%，19 件正在办理，其中，西夏区 1 件，为佳通轮胎异味扰民问题；永宁县 9 件，主要是投诉泰瑞、伊品、启元异味扰民及非法排污问题；贺兰县 8 件，主要是暖泉工业园区和德胜工业园区部分企业环境污染问题；市城管局 1 件，为习岗镇新胜村生活垃圾填埋不规范问题。

（三）强化责任，紧盯问题，深入实施"蓝天工程"

银川市始终坚持"四治一禁"，不断破解大气污染的难点问题。在治煤方面：制定出台了《银川市煤炭消费总量控制工作方案》，明确到 2020 年，银川都市圈城市煤炭消费总量实现负增长。持续推进集中供热供暖，"东热西送"（一期）、西夏热电二期等骨干集中供热工程全面完工并投入运行，集中供热覆盖区域内的燃煤供热锅炉基本实现清零（调峰、应急锅炉除外）。加快推进散煤"双替代"，治理四环高速范围内散煤 7294 户，其中集中并网 2069 户、"煤改电"3351 户、"煤改气"1874 户。实施清洁煤替代工程，三区范围内建成清洁煤配送中心 4 个，确保煤炭质量达到标准。大力发展清洁能源，推进天然气储气设施建设，宝丰光伏二期、隆桥、德润源、德伏、德光、通威互联网+渔光等项目已完成并网工作。在治企方面：全面推动重点行业达标排放治理，对火电（含自备电厂）、活性炭、建材、水泥等重污染行业企业进行深度排查，并督促整改。强化挥发性有机物污染防治，治理四环高速范围内重点挥发性有机物企业 26 家、废旧塑料加工坊 21 家、餐饮服务业 2231 家、机动车维修企业 72 家、小型制造加工企业 111 家。强化生物发酵及制药企业恶臭整治，泰瑞制药已全面停产，正在开展搬迁工作；启元药业对异味无法治理的生产设施实施搬迁；伊品生物已关停色氨酸生产线并完成 2 条复合肥生产线的拆除工作。在治尘方面：开展扬尘治理"回头看"专项检查，要求企业全面落实防尘措施，全市 488 处建筑工地 6 个"100%"落实率达到 94.26%，355 处裸露空地治理率达到 93.52%，146 处堆土治理率达到 86.99%。加强城乡绿化，2018 年新建 10 个小微公园，裸露斑秃地补植补栽全面完成。严格道路扬尘控制，对道路进行"4+1"深度保洁作业，机械化清扫率达到 92.89%。加强采矿区扬尘整治，对镇北堡矿区、套门沟矿区采矿企业进行停产整治，确保达到环保验收标准后复产。在治车方面：加强在用车污染治理，加大对违规车辆和高排放车辆查处力度，优化重型车辆绕城行驶路线，淘汰排放不达标机动车 1.6 万余辆，上路遥测车辆 15 万辆，查处低速车违法行为 950 起，"冒黑烟车辆"违法行为 1800 余起，渣土车违法行为 2.1 万余起，遗洒、飘散载运物违法行为 1 万余起。加快推广应用电动汽车，采购 500 辆新能源电动公交车投入运营，建成充电桩 355 个。在禁烧方面：印发《关于加强"三夏"期间秸秆禁烧工作的通知》，利用无人机、网格员等巡查方式，开展秸秆禁烧专项巡查督查行动，加大巡查督查力度，力争做到"不着一把火、不冒一股烟"。

（四）突出重点，攻坚克难，稳步推进"碧水工程"

全市 8 个开发区整合优化为 5 个，全部自建或依托城镇污水处理厂实现污水集中处理，达到一级 A 排放标准，并安装了在线监控设施。制定出台《推进全市工业园区转型发展实施意见》，对重污染企业进行有序搬迁改造，目前已落实停产退出企业 4 家。定期对典农河和 9 条主要入黄排水沟及汇入的支流进行深入排查，对巡查发现的排污口及时封堵。强化城镇生活污水处理，完成第一污水处理厂提标改造，第九污水处理厂已于 9 月底投入运行，全市污水日处理能力提升至 60 万立方米，出水全部达到一级 A 标准；进一步推进全市污泥资源化处理，宁夏嘉农环保科技公司污泥深度脱水项目建设完成并投入运行。划定并公布畜禽禁养区范围，禁养区内 23 家养殖场已全部搬迁。灵武市、贺兰县对已建成的 16 座农村污水处理设施按照一级 A 标准进行提标改造，三区新建农村污水处理设施 4 座。对典农河、鸣翠湖等湖泊落实保护措施，生态补水 4700 万立方米，进一步扩大生态环境容量。加快重点入黄排水沟综合整治，灵武东沟、银新干沟、章子湖人工湿地建成投入使用，四二干沟、中干沟、永二干沟潜流湿地完成建设并通水调试；实施滨河水体净化湿地扩整连通工程，扩挖、连通南起永宁县中干沟、北至贺兰县北大沟水系工程已基本完成。组织开展饮用水水源地专项排查和问题整改，完成水源保护区"划、立、治"重点任务，对水源地内的 18 家畜禽养殖场和中央环保督察反馈的 10 家企业实施关闭拆除；对列入东郊、南郊、北郊水源地保护区的 83 眼深井实施视频监控，评估水源地风险，定期对水质进行监测并公示。加快实施银川都市圈城乡西线供水工程，推进城乡居民供水服务均等化。推进加油站双层罐改造，全市 150 座加油站 683 个储油罐，其中 122 座 423 个完成双层罐改造，111 个单层罐设置防渗池，完成率 81.3%。

（五）明确任务，谋划项目，全面启动"净土工程"

积极配合自治区开展农用地土壤污染状况详查，银川市负责对全区全部样品 pH 值、水分、多环芳烃和酚类，部分样品的全量和可提取态重金属的监测，8 月已提前完成了全部监测任务，上报数据 1.5 万余个。完成 3 个疑似污染地块初步调查，3 个地块均未受到明显的土壤污染和地下水污染，不属于污染地块。确定并公布 2018 年土壤环境监管重点企业 19 家，各县（市、区）与土壤环境监管重点企业签订了目标责任书；督促企业每年自行对其用地进行土壤环境监测，目前 22 家企业中，7 家停产，2 家关闭，10 家在产企业中 7 家已完成自行监测工作，3 家正在开展监测工作。印发《关于严格落实银川市 2018 年重金属减排目标的通知》，制定出台《银川市重点行业企业重点重金属污染物减排方案》，对 12 家涉重金属重点行业企业进场初步排查，建立全口径涉重金属重点行业企业清单。加强联合执法，严厉打击非法处置危险废物违法行为，立案查处危险废物违法行为 7 起、固体废物随意倾倒行为 1 起。制定出台《银川市农业"三减"行动技术指导方案》，创建"三减"示范区 28 个。同时，在四环绕城高速以内开展农业种植禁用化肥、农药和除草剂的"三禁"行动，禁用面积 7.49 万亩。多渠道开展综合利用，制定出台《银川市秸秆禁烧和综合利用工作实施方案（2018—2020 年）》，秸秆综合利用率达到 83%。全市回收农用残膜 3182.69 吨，农用残膜回收利用率达到 83.5%。全市 268 家规模养殖场配套建设粪污处理设施，建设率 83%，达到年度目标要求。制定了全市《非正规垃圾堆放点排查整治工作方案》，开展专项整治行动。争取中央专项资金 2424 万元，实施贺兰县立岗镇幸福村土壤污染治理与修复试点项目，已完成 550 亩钝化剂播撒，11 条农渠砌护，尚有 100 亩钝化剂播撒工作正在推进，预计 11 月底全部完成年度治理任务。

（六）精心部署，强化督查，持续开展"绿盾"专项行动

按照生态环境部等 7 部门及自治区要求，制定了《"绿盾 2018"自然保护区监督检查专项行动工作方案》，成立专项行动督查组。贺兰山自然保护区由银川市负责整治的 40 处人类活动点位中，因历史遗留及交通设施原因拟保留的 14 处项目已按照既定方案完成了整治，其余 26 处点位已全面清理整治完成，并全部通过了自治区阶段性验收，累计拆除各类设施 21 处，拆除房屋 1293 间 15.67 万平方米；累计播撒各类草籽 2500 余斤，修复面积约 47 万平方米。中央环保督察反馈的白芨滩自然保护区内 38 处人类活动点位全部完成整改。白芨滩自然保护区"绿盾 2017"专项行动排查点位 228 处，完成整治销号 226 处，2 处正在整治，完成率达到 99%。"绿盾 2018"专项行动排查点位 92 处，校准后为 86 处，其中，保留点位 74 处，整改点位 12 处。完成整治销号 82 处，4 处正在整治，完成率为 95.3%。投入 6100 余万元，累计植树造林 8800 亩。

（七）加强宣传，铁腕执法，保持环境监管高压

充分利用报刊、电视、网络等平台，公布环境问题查处整改落实情况，及时发布环境质量状况，公开曝光重点环境问题整改和环境违法典型案件。健全举报制度，拓宽投诉渠道，方便群众监督。开展以环保问题为主题的"电视问政"直播节目 3 期，现场"考问"各县（市、区）政府和市直部门主要负责人，曝光全市各类环保问题，压实责任，限期解决，取得明显整改实效。截至 2018 年 10 月底，环境执法部门共出动执法人员 10540 人次，检查各类污染源 4894 家次，下达行政处罚决定书 186 件，处罚金额 2358 万元，入库罚款 1768 万元。

三、银川市生态环境建设存在的问题

（一）扬尘对空气质量造成一定的影响

建筑工地、裸露空地、堆土扬尘污染呈现分散性、反复性等特征，部分工地、空地、裸露地面存在绿网破损、覆盖不全现象；部分建筑工地未能全时段开启雾炮车、采取喷淋等降尘措施，管理跟进不够；西夏区套门沟、高家闸矿区较市区距离近、运输量大，运输车辆造成的道路扬尘对周边空气质量存在明显影响。

（二）散煤治理难度较大

今年年初，自治区下达"双替代"项目（电代煤、气代煤）5389 户，银川市扩大治理面积，对四环高速范围内 11510 户散煤用户进行清洁能源改造。从推进情况看，散煤治理依然受到周边无热源、住户复杂、电力改造难度大等问题的制约，有一些地方仍未按期完成改造。

（三）生态环境治理资金短缺

近年来，银川经济下行压力较大，市级财力十分有限，"水十条"涉及环境治理面广、任务重，需要投入大量资金。在入黄排水沟综合整治工作中，全区 12 条主要入黄排水沟有 6 条位于银川市，占比达到 50%，分配到银川市的水污染防治专项资金占全区比重不足 35%，资金缺口较大。

四、加快银川市生态环境建设的对策建议

（一）采取超常规措施，防控大气污染

进一步加强燃煤污染、城市扬尘、机动车尾气、工业废气等综合治理力度。对集中供热管网覆盖不到位且具备改造条件的燃煤锅炉逐一实施煤改电、煤改气。加强机动车污染防治，严禁排放不达标车辆和农用车进入市区。加大城市扬尘污染综合整治力度，将建筑工地、道路、堆场扬尘对空气质量的影响降至最低。

（二）全流域系统治理，防控水污染

深入推进城市黑臭水体整治、污水处理厂扩容提标改造、排水沟环境综合整治等工程，确保建成区污水基本实现全收集、全处理，全部污水处理厂稳定达到一级 A 排放标准。鼓励工业园区和企业对废水进行深度治理并重复利用，加快银新干沟、四二干沟等入黄排水沟人工湿地工程建设进度，全面完成饮用水水源保护区内污染源关闭搬迁工作。加大地下水污染防治力度，对石油化工生产、存贮、销售企业和工业园区、垃圾填埋场等

区域防渗情况进行专项检查。全面落实河长制，确保黄河水质安全。加快实施银川都市圈城乡西线供水工程，争取早日实现向永宁县、西夏区、金凤区、兴庆区、贺兰县供水。

（三）多管齐下，防控土壤污染

全面梳理"土十条"各项任务完成情况，查漏补缺，进一步加强农用地安全利用、建设用地准入、重金属污染防治、农业面源污染控制等工作力度，确保完成国家、自治区下达的各项重点任务。按照自治区统一要求，配合农牧部门开展农用地质量类别划定，实施分类管理。更新疑似污染地块名单，完善污染（疑似污染）地块信息沟通机制，对污染地块的开发利用实行联动监管，有针对性地实施风险管控。全面实施农业"三减"行动，控制农业面源污染，建设绿色田园，指导贺兰县全面完成土壤污染修复与治理项目示范工程。配合完成贺兰山自然保护区银川段 40 处人类活动整治点的土地移交工作，加快完成白芨滩自然保护区"绿盾 2017""绿盾 2018"未完成点位整治工作。

（四）采取铁腕手段，强化环境执法

加大对环境违法行为的打击力度，举一反三，对全市污染源加强监管，切实解决环境监管、监察执法不到位的问题。巩固提升环境执法大练兵活动成果，深入推进环境执法"双随机"，规范执法程序，提高环境执法人员业务水平，不断提升环境执法效率。深入开展工业企业环境隐患大检查、污染源治理设施大检查、建筑工地及地面扬尘大检查、锅炉烟尘大检查、企业用煤大检查、机动车尾气及超标车辆大检查 6 项专项执法检查，严密防控环境风险，切实维护环境安全。

（五）坚决完成中央环保督察组反馈问题整改

提升转办件办理速度和质量，提高案件办结率。督促泰瑞、启元药业尽快启动发酵、提炼车间搬迁工程，伊品生物改变现有业态。监督永宁北控水务、贺兰蓝星水务长期稳定运行，达标排放。对于 2018 年必须完成整改的工作，进一步强化整改措施，明确责任人、整改要求和整改时限，挂账销号，尽快整改到位。进一步深化改革，推动体制机制创新，建立长效机制，确保达到整改要求。

（六）全面加强环境监管能力建设，推进精准治污

建设覆盖市、县（区）、乡镇（街道）三级政府的智慧环保指挥系统，以大气超级站为基础，增加空气质量监测子站数量，新建空气质量监测微站和视频监控系统，空气质量实现"点、线、面"全面精准监测分析，对全市环保工作实行网格化管理，聘用专职网格员监督网格内环保工作，及时发现并制止污染环境的违法行为，全面推进精准治污。

2018 年石嘴山市生态环境报告

陈俊忠

2018 年，石嘴山市深入贯彻习近平新时代中国特色社会主义思想和党的十九大精神，落实习近平总书记视察宁夏重要指示及自治区第十二次党代会精神，持续加大环境保护工作力度，坚定不移地推进污染防治攻坚战。环境空气质量进一步改善，黄河石嘴山段出入境断面（麻黄沟）水质稳定保持 II 类优水质，沙湖全面消除劣 V 类，星海湖中域水质稳定在 IV 类水质，星海湖南域平均水质类别为 III 类，第五排水沟水质提升至 IV 类及以上。城市集中式饮用水水源地水质达标率为 100%。声环境质量全面达标，土壤环境保持安全状态，无重大环境污染事故发生。

一、石嘴山市生态环境保护取得的成效

（一）提高政治站位，深入贯彻习近平生态文明思想

石嘴山市委、市政府严格落实环保"党政同责，一岗双责"，深入贯彻习近平生态文明思想，认真落实中央和自治区党委、政府有关决策部署，不断增强"四个意识"，坚定"四个自信"，强化市环委会牵头抓总、各级部门联动、企业主体、全民共治的环境保护责任体系。16 名市级领导牵头抓中央环保督察"回头看"及水环境问题专项督察反馈意见整改任务。制

作者简介　陈俊忠，石嘴山市环境保护局主任科员。

定印发了《关于全面加强生态环境保护坚决打好污染防治攻坚战的实施意见》《打赢蓝天保卫战三年行动计划》《石嘴山市推进土壤保卫战三年作战方案》等一系列污染防治计划和实施方案，分解治理任务，建立分析调度、督查考核、约谈问责推进机制，坚持重点治乱、铁拳铁规治污、网格化环境监管，坚定不移地推进产业转型升级和污染防治攻坚战，生态环境保护得到不断加强。

（二）狠抓中央环保督察反馈意见和"回头看"转办事项整改落实

把中央环保督察反馈意见和"回头看"转办问题整改作为打好污染防治攻坚战重要抓手，建立了 2018 年整改任务清单，对标整改任务，实行市级领导包抓整改制度，紧盯包抓问题，盯着抓、盯着改，以最高的标准、最严的要求、最实的举措、最快的行动、最好的成效，全力推进中央环保督察反馈意见整改落实。截至目前，已完成中央环保督察反馈整改 10 项重点任务，燃煤小火电机组淘汰等 6 项整改任务已完成，水源地综合整治等 4 项整改任务正在推进。2018 年中央环保督察"回头看"转办问题 34 批次 184 件，办理情况全部按程序上报中央第二环境保护督察组，目前正按程序逐项销号。

（三）全力推进大气污染防治

加快推进散煤治理，新增 1 个洁净煤生产配送中心和 7 个洁净煤配送中心，长兴街道煤改电工程、惠民社区煤改气工程已全面开工建设。加强燃煤锅炉淘汰改造，淘汰燃煤锅炉 75 台，清洁能源改造锅炉 100 台。全面推动 6 个重点行业达标排放治理改造，自治区下达的 21 个工业企业有组织排放达标治理项目已完成 20 个，138 个工业堆场扬尘治理项目已完成 119 个，51 个工业企业无组织排放治理项目已完成 50 个；全市 26 台 10—20 蒸吨燃煤锅炉，4 台已拆除，7 台实施煤改气，10 台实施除尘脱硫改造，5 台接集中供热后拆除。深入推进挥发性有机物污染防治，6 个挥发性有机物治理项目已完成，全市化工、制药行业重点企业开展泄漏检测与修复工作，治理挥发性有机物无组织排放。加强城市面源污染防治，查处建筑工地扬尘污染 24 起，罚款 1.54 万元，剔除诚信分值 800 分；查处 4 起垃圾焚烧事件；公安、交通、城管部门共查处道路遗撒 28071 起，罚款 140.9

万元;三县区城区主要道路全部实现机械清扫,新增多功能清扫车和多功能抑尘车 32 台,城区道路机械清扫率提高 20% 左右;治理城市裸露土地110.79 万平方米,造林 3.72 万亩。督促 210 家餐饮服务场所安装了油烟净化设施,319 家改用清洁燃料。加强移动源污染防治,淘汰老旧车 3937辆,完成全年任务。加大"散乱污"企业治理力度,实施关停取缔 390 家、停产整治 270 家、限期搬迁 8 家。大武口区发挥环境保护网格化监管作用,强化城市扬尘管理落实;惠农区成立了"散乱污"企业整治指挥部,拆除47 家"散乱污"企业生产设备;平罗县成立了工业企业环境综合整治指挥部,全面开展工业园区环境综合整治。

(四) 切实加强水污染防治

扎实推进污水处理厂改造建设,石嘴山市四污、五污及平罗二污等城镇污水处理厂提标改造工程完成环保验收;4 个工业园区污水处理厂均建成,经开区污水处理厂已验收,运行稳定,平罗县医药产业园和循环经济实验区污水处理厂处于调试运行阶段。持续开展排水沟整治,三(五)排入黄口人工湿地工程完成交工验收,稳定运行;平罗段威镇湖截流净化工程基本建成,现正进水调试,三排(三期)治理工程完成沟道清淤 7.1 公里;完成 9 家规模化畜禽养殖粪污治理项目。加强重点湖泊水生态修复,星海湖渔业养殖已全部退出,二季度以来,沙湖水质稳定保持在地表水 IV类标准。《沙湖水体达标方案》涉及工程项目全部完成,沙湖—星海湖水系连通工程、星海湖中域水生态修复与湖滨缓冲带建设项目、沙湖—星海湖水系连通人工湿地水质提升工程均已完工。加强地下水污染防治,全市正常营业加油站共计 114 座,完成双层罐改造的 70 座,完成率 61.4%。进一步加强饮用水水源地保护,大武口区农业开发项目已取缔,拆除 5 台风力发电机组,蓝孔雀山庄等 3 家已停运或部分清理地面建筑物、附着物等。

(五) 积极推进土壤污染防治

制定印发了《石嘴山市土壤污染防治工作实施方案》《石嘴山市推进土壤保卫战三年作战方案(2018—2020 年)》,完成了土壤重点污染源清单空间位置确定工作任务,开展了土壤污染状况详查农用地点位核实工作。建成农药包装废弃物回收点 14 个,对农药包装废弃物进行了集中回收。将优先保护类耕地特别是基本农田及建成后的高标准农田项目区范围纳入图库，设立保护标志，与乡（镇）、村签订耕地保护目标责任书。对全市重点工业固体废物产生单位及工业固废处置场进行监督检查，对存在的问题紧盯落实整改；对现有运行的渣场进行规范、整治。开展各类固体废物产生单位环境执法检查 80 余家次，查处违法行为 20 多件次，立案处罚 12 家次。完成了 131 家危险废物（包括医疗废物）的申报登记核查工作和 63 家一般工业固体废物产生单位的自治区固废系统平台的季度上报工作。

（六）认真组织开展绿盾专项行动

严格落实绿盾专项行动工作要求，全力推进贺兰山国家级自然保护区和沙湖自然保护区的清理整治。自治区党委办公厅、人民政府办公厅印发的《关于贺兰山国家级自然保护区生态环境清理整治推进工作方案的通知》中确定的 118 个整治点和自治区"绿盾 2017"移交的 20 个治理点，除位于宁蒙交界处的哈斯巴根、付岁年两家羊圈在宁夏境内的整治任务基本完成外，其余已全部整治完毕。沙湖自然保护区排查出的 122 处人类活动点中需清理恢复的 31 处，按照年度目标任务，已完成 29 处清理生态恢复。

（七）严厉打击各类环境违法行为

加强环境监管网格化管理，加大对重点区域、重点行业、重点企业、重点时段的巡查夜查和突击检查力度，严厉打击超标排污、污染环境的违法行为，巩固治理成效。今年以来，全市共实施立案处罚 317 起，罚款 2607.96 万元，当场处罚 37 起，处罚 3.7 万元，下达责令改正违法行为决定书 509 份，实施查封扣押 20 家，限产停产 7 家，移送行政拘留案件 5 起 9 人，移送涉嫌犯罪案件 5 起。全市 668 家"散乱污"企业中，列入关停取缔的 390 家企业，已关停取缔 185 家；列入停产整治的 270 家企业，已停产整治 59 家；列入限期搬迁的 8 家企业中，4 家已签订搬迁协议，3 家已开工建设。

二、石嘴山市生态环境保护存在的困难和问题

（一）对推进绿色发展的思想认识还不够深刻

对"绿水青山就是金山银山"发展理念的学习理解不够透彻，在处理

环境保护与经济发展关系上认识站位不高、方法不够科学，没有充分认识到群众对美好生态环境日益增长的需求，把生态治理停留在完成数据指标上，就数字说数字，没有从"以人民为中心"的高度深刻理解数据背后的重大意义。

（二）污染防治工作的长效机制尚不完善

污染防治依然处于"治标"阶段，多数停留在解决具体问题上，采取的应急攻坚措施达不到管长远、治根本、保长效的目的。从山水林田湖草一体化的系统治理上考虑不够，防治措施没有从根本上解决当前生态环境问题。网格化管理未落实到位，"散乱污"企业清理不彻底，环境监管存在薄弱环节，监管能力、方式与污染防治攻坚战的要求还有差距，方法手段单一、专业能力不足、在线监测设备尚未实现全覆盖。

（三）环境治理质量改善效果不稳定

通过不懈努力，虽然全市环境空气质量逐年好转，但PM10、PM2.5平均浓度下降不稳定，空气质量改善基础不牢固。沙湖因水体封闭、年降水量少、蒸发量大、水体不循环、自净能力差，加之人为活动影响，水质恶化，近两年，虽然实施了治理工程和生态补水，但工程治理和自然生态恢复需要较长时间。星海湖因地质本底原因，氟化物浓度值居高不下，影响水质类别的提升。第三、第五排水沟因接纳流域农田退水和沿途生产生活污水，氨氮、总磷浓度值较高，严重影响水质。

（四）中央环保督察反馈问题整改有待进一步加强

中央环保督察反馈问题个别事项整改不彻底，部分整改事项推进缓慢，需要进一步加大工作力度，紧盯问题，对标整改目标要求，加快整改进度，抓紧时间集中攻坚，确保各项整改任务全面落实。

（五）贺兰山自然保护区生态恢复任务艰巨

虽然贺兰山自然保护区清理整治任务已基本完成，但由于地处西部干旱区域，生态恢复难度较大，尤其是部分治理点处于贺兰山腹地，不具备覆土、人工恢复植被条件，靠自然恢复，短期内难以达到明显效果。受矿产资源利益驱动，不法分子铤而走险，保护区地广矿多，执法监管力量有限，偷挖盗采屡禁不止，给长效管护造成严重影响。整治过程中，涉及纠纷复杂，涉法涉诉问题较多，给社会稳定造成很大压力。

三、进一步加强生态环境保护的对策和措施

2019 年是全面打好污染防治攻坚战、着力抓好中央环保督察"回头看"反馈意见整改的关键一年。全市环境保护工作要以习近平生态文明思想为统领，深入贯彻落实全国、全区生态环境保护大会精神，紧紧围绕一个"实施意见"，牢固树立绿色发展理念，全力抓好三个"计划"和一个"整改方案"落实，坚决打好污染防治攻坚战。

（一）牢固树立绿色发展理念，推进高质量发展

牢固树立"绿水青山就是金山银山"的理念，切实担负起生态文明建设"党政同责，一岗双责"的政治责任，把加强生态环境保护、打好污染攻坚战摆到突出位置，把推动高质量发展作为解决生态环境问题的治本之策，深入贯彻落实新发展理念，实施创新驱动战略，推进供给侧结构性改革，加快形成绿色发展方式和生活方式，加快推进沿黄生态经济带建设，加快推进工业园区整合优化，加快产业转型和结构调整，以高质量发展的成效换取生态环境质量的提升。

（二）聚焦重点难点，推进反馈问题整改

紧盯问题，对标整改目标要求，加快整改进度，抓紧时间集中攻坚，坚决杜绝出现表面整改、虚假整改等问题。要着力抓好医药、农药、染料中间体企业污染治理，排除环境安全隐患。进一步加强重点区域铁合金等行为无组织烟气治理，对剩余 2 台 20 蒸吨/小时燃煤锅炉进行达标改造。加强工业园区污水处理厂运行管理，力争各园区污水处理厂正常运行，达标排放。

（三）坚持"四尘"同治，坚决打赢蓝天保卫战

认真组织实施打赢蓝天保卫战三年行动计划，以扬尘、煤尘、烟尘、车尘"四尘"同治为重点，持续开展大气污染防治行。要进一步加强城市绿化、主干道保洁、施工工地扬尘管控、矿采区扬尘污染控制，深化扬尘污染治理。大力削减非电力用煤，强化高污染燃料禁燃区管控，城市建成区禁止新建 35 蒸吨/小时燃煤锅炉，加快煤炭清洁能源替代，推进煤炭清洁高效利用，严格控制煤炭消费总量。要全力推进钢铁、火电、冶金、化

工等重点行业污染治理升级改造，强化工业企业无组织烟气排放管控和挥发性有机物专项整治，实现污染物全面达标排放。加强秸秆禁烧和综合利用，今后三年全市农作物秸秆综合利用率要达到85%。要加快老旧车辆淘汰，打好柴油货车污染治理攻坚战，推广新能源汽车使用，大力发展绿色交通体系，年底完成"散乱污"企业阶段性清零。完善大气污染联防联控工作机制，实施重点污染排放企业错峰生产，妥善应对重污染天气。

（四）坚持项目带动，坚决打好碧水保卫战

深入实施水污染防治行动计划，将沿黄生态经济带作为重点区域，以保护黄河母亲河、集中式饮用水水源地综合整治和农业农村污染防治为重点，统筹工业污染防治、城镇生活污染防治，扎实推进河（湖）长制，深化流域水污染治理和水生态保护。强化城镇生活污水治理，加快城镇污水处理设施及配套管网建设，推进污泥处理处置，提高城市污水再生利用水平。提升工业园区污水处理能力，加强日常运行维护监督管理，建成的污水处理厂都要实现稳定达标排放。平罗县要紧盯循环产业园污水处理厂，尽快实现稳定达标运行。严格落实河（湖）长制，采取控源截污、生态修复、末端治理等措施，实施沙湖—星海湖水系连通工程（二期）等一批水污染防治项目，重点推动一河两湖两沟综合治理。大力实施6个集中式饮用水水源地违法违规问题清理整治，加快推进水源地保护区规范化建设，确保饮用水安全。结合实施乡村振兴战略，积极推进生态振兴，加快农村污水处理及厕所改造，规模养殖场粪污处理，严格控制化肥、农药等农业化学投入品使用量，减少农业面源污染。

（五）实施综合整治，坚决打好净土保卫战

持续推进土壤保卫战三年作战计划，突出重点区域、行业和污染物，突出抓好农用地分类管理和受污染耕地安全利用，严格污染地块再开发利用准入管理，推动固体废物资源化利用，全面加强危险废物安全监管，有效管控农用地和城市建设用地土壤环境风险。在土壤污染状况详查的基础上，建立全市土壤环境基础数据库，通过建立污染地块名录及开发利用的负面清单，严格建设用地准入管理，加大各类土地保护力度，坚决防止重大土壤污染问题发生。通过强化土壤环境影响评价、建设污染防治设施、严格落实重金属总量控制指标和排放标准、加强监督管理等举措，防范建设用地新增污染。进一步完善工业园区渣场建设，开展固体废物非法贮存、倾倒和填埋情况专项排查，加强危险废物规范化管理，全面规范固体废物堆存场所建设及贮存、处置。加快生活垃圾无害化处理设施建设和分类回收，全面提高城市生活垃圾无害化处理水平。

（六）坚持系统治理，加强生态环境保护与修复

坚持一手抓污染治理，一手抓生态保护和修复，巩固提升国家森林城市、国家园林城市建设成果。严守生态红线，实现一条红线管控重要生态空间。坚持系统治理，实施山水林田湖草生态保护修复试点项目。扎实推进森林生态、湿地生态、流域生态、农田生态、城市生态建设，全面治理、全域治理、全程治理。要筑牢屏障，持续推进贺兰山生态环境综合整治，抓好大规模国土绿化行动，不断扩大绿色空间，全面提升自然生态系统稳定性和生态服务功能。

（七）提升监管能力，持续传导压力

坚持重点治乱、铁拳铁规治污，突出"严管重罚"，始终保持严厉打击环境违法行为的高压态势，推动形成环境守法的新常态。严格落实环境监管分级负责制，深化网格化管理机制，继续坚持"严管重罚"主基调，加大对重点区域、重点行业、重点企业、重点时段的巡查巡检和突击检查工作力度，严惩环境违法行为。针对年度重点任务进展较缓问题，持续组织多部门联合执法，开展环境执法专项行动，以严格的环境执法促进各项工作落实，确保年度重点目标任务全面完成。

（八）深化体制改革，加快推进生态文明建设

把生态文明体制改革作为全面深化改革的重点领域，以解决生态环境突出问题为导向，落实好中央和自治区党委、政府确定的改革任务，完善打好污染防治攻坚战政绩考核办法，建立完善决策过错认定、问题线索移送等领导干部生态环境损害责任终身追究配套制度，制定生态环境损害赔偿实施办法，健全环保信用评价、信息强制性披露、严惩重罚等制度，破除制约生态文明建设的体制机制障碍，推进全市生态文明建设进入规范化、制度化、法治化轨道，加快推进生态文明建设。

2018 年吴忠市生态环境报告

杨力莉

2018 年，吴忠市以习近平新时代中国特色社会主义思想和党的十九大精神为指引，以新发展理念、习近平生态文明思想为指导，以创建"国家生态文明建设示范市"为抓手，大力实施生态立市战略，以绿化美化、节水节能、减排降耗为重点，认真开展"蓝天碧水·绿色城乡"专项行动，聚力打好"气、水、土"污染防治攻坚战，严格环境执法监管，强化环境监测，大力实施环境治理项目，全面防治各类环境污染，吴忠市生态环境建设取得了显著成效。

一、生态环境建设取得的成效

（一）狠抓重点领域和关键环节节能降耗

1. 全力推进工业领域节能降耗

吴忠市紧紧围绕自治区下达的"十三五"节能目标和 2018 年度能耗"双控"目标任务，进一步健全完善市县两级"双控"工作体系，持续加强49 户重点耗能企业用能走势研判与节能执法监察。2018 年上半年，全市规模以上工业能源消费量 263.2 万吨标准煤（等价值），同比上升 1.3%，增速比同期低 2.7 个百分点。单位工业增加值能耗同比下降 4.7%，比同期低 2.5

作者简介　杨力莉，吴忠市环境保护局生态科副科长。

个百分点，比全区平均水平低 14.7 个百分点。加大落后设备、落后工艺淘汰力度，配合自治区完成了全市淘汰落后产能的核查。

2. 开展低碳化技术改造

支持以新能源为主的标杆性示范项目和工程建设，落实宁夏风电基地规划年度开发计划项目 10 个，总规模 125 万千瓦，占全区总规模的62.5%。落实光伏存量项目 11 个，解决项目指标 224.125 兆瓦。

3. 加快推进节水型社会建设

制定了《吴忠市 2018 年度推进节水型社会建设实施方案》，明确了各县（市、区）及各成员单位目标责任。对全市自备水源井进行了普查核实，吊销《取水许可证》3 户，关闭企事业单位及绿化自备井 6 眼，关闭服务行业手压机井 16 眼；推进节水型载体项目建设，完成吴忠回中、宁夏民族职业技术学院和吴忠幼儿园水龙头节水改造项目。

（二）深入实施蓝天、碧水、净土行动，生态环境质量稳中向好

2018 年 1—10 月，剔除沙尘天数后，全市空气质量优良天数 191 天，优良天数比例为 84.9%。黄河吴忠市出境叶盛桥断面水质保持在 II 类，清水沟、南干沟水质稳定保持在 IV 类，金积饮用水水源地及 3 个地下水监控点位水质保持稳定，市辖区黑臭水体基本消除。

1. 综合施策，坚决打好大气污染防治攻坚战

吴忠市制定了《关于进一步做好 2018 年冬季大气污染防治工作通知》《关于进一步加强大气污染防治工作的紧急通知》《2018 年度全市大气污染防治重点工作安排》等，对大气污染防治工作进行安排部署。一是强化"煤尘、烟尘、汽尘、扬尘"污染治理。完成了 2018 年自治区下达的锅炉淘汰任务，划定了全区首个城市禁煤区，并率先在全区推进餐饮企业全面"煤改气"工作，累计完成餐厅、烧烤摊点"煤改气"1128 家，年减少散煤使用量 21000 吨。开展餐饮企业油烟污染排查整治，督促 208 家餐饮企业完成高效油烟净化处理装置安装工作。实施燃煤锅炉污染治理，对全市20 蒸吨以上燃煤锅炉实施特别排放限值改造。对火电、水泥等重点行业实施超低或特别排放改造，并提高新建项目环保准入门槛，实施主要污染物排放等量或倍量替换，从源头严格控制污染物排放增量。二是加快工业废

气治理步伐，以大工程实现大治理。印发了《关于执行国家第五阶段机动车排放标准的公告》，明确了新注册机动车执行排放标准。划定黄标车、农用车禁限行路段51处，印发《关于禁止大型货车、低速载货汽车驶入市区道路通行的通告》，制定优化重型车辆绕城路线，完善城区环路通行条件，明确重型柴油车辆禁限行区域、路段以及绕行具体路线，防止尾气排放污染城区大气。购置机动车尾气遥感监测车1辆，联合开展黄标车及排气不达标车辆的集中整治。三是集中整治扬尘污染。继续抓好建设工地日常巡查，截至目前，检查建筑工地238家次，责令34个扬尘管控不到位的工地进行了整改，增补遮盖抑尘网17.8万平方米；集中整治金属物流园、北方农资城等市场扬尘污染；推行机械化干湿清扫、冲洗和洒水作业保洁模式。划定烟花爆竹禁放区，强化烟花爆竹燃放管理，2018年春节期间（2月15—21日），市区细颗粒物（PM2.5）最大峰值较去年下降了66.4%。新增打草机284台，杂草、树枝集中回收点76个，对于收集的树枝、杂草实行统一集中处理。建立了县、乡、村、组四级监管网络，实行干部包抓责任制，加大秸秆焚烧巡查力度，严格责任追究。2018年先后问责处理12人次。强化非煤矿山扬尘整治，责令88家矿山企业建设了防风抑尘墙或封闭料仓。

2. 多措并举，坚决打好水污染防治攻坚战

吴忠市第一、第二、第三污水处理厂，青铜峡第一、第二、第三污水处理厂，红寺堡区生活污水处理厂，盐池县生活污水处理厂提标改造已完成并验收；同心县生活污水处理厂已建设完成，正在调试。一是积极推进农业农村污染防治。开展禁养区划定工作，各县（市、区）制定了《畜禽禁养区划定工作方案》，建立了农村环境综合整治长效机制。推广政府、企业、第三方运营公司共同投资、合作运营的畜禽养殖业污染治理模式，对养殖园区粪污治理实现全覆盖。二是加强饮用水水源地监管。2018年上半年，对10个饮用水水源地逐个进行排查，金积水源地拆除2家违法企业，红寺堡区沙泉水源地拆除1家加油站，青铜峡市青铜峡镇水源地拆除2家企业，盐池县刘家沟水库种植项目已停止耕种，限期退出，同心县小洪沟水源地内1家企业已拆除设备。对排查发现的10个问题及时致函各县

（市、区）政府进行整改。三是谋划项目推进流域污染治理。启动吴忠市第一污水处理厂尾水人工湿地项目。谋划 17 项重点污染治理项目，申报进入国家库。积极谋划农村污染治理项目，落实河长制工作职责，深化农村环境综合整治，对巡河不力的利通区、青铜峡市相关河长进行问责。四是水生态环境保护初见成效。全力推进南干沟污染综合治理项目，清水沟、南干沟人工湿地项目，市财政先期为南干沟人工湿地试运行保障经费。截至 2018 年 10 月，清水沟、南干沟入黄口人工湿地已完成主体工程建设，枯水期成功试运行，保障了"两沟"枯水期入黄水质达标。清水沟、南干沟已连续 10 个月水质稳定达到地表水 IV 类水质。

3. 土壤污染详查工作有序推进

截至 2018 年 10 月，吴忠市承担的土壤详查 250 个点位的采样任务及 38 个样包 1821 个水溶性氟化物监测、11 个样包 500 个土壤 pH 监测、11 个样包 500 个土壤 8 种重金属监测任务已全部完成，并已将相关结果上报自治区。

4. "绿盾"专项行动成效显著

"绿盾 2017"专项行动中，罗山自然保护区共排查出人类活动点位 260 处，完成整治 147 处，保留 55 处，正在整治 58 处（包括风电电机 38 处、风电输电线杆 12 处、风电检修路 8 处等）。目前，38 台风电设施已全部拆除完毕；哈巴湖自然保护区和青铜峡库区自然保护区（青铜峡境内）人类活动点位已全部完成清理整治。3 个自然保护区卫星遥感监测疑似点位中经营性和对保护区生态环境造成损害的点位设施已全部整改清除，保护区内巡护路、原住民住房及民生设施已全部签订监管协议申请评估保留。

5. 全国第二次污染源普查工作进展顺利

印发了《关于开展第二次全国污染源普查工作的通知》《吴忠市第二次全国污染源普查工作方案》，成立了由分管副市长为组长的污染源普查领导小组，对开展第二次全国污染源普查工作进行了安排部署。对照自治区机构设置，成立了污染源普查领导小组办公室。各县（市、区）按照自治区要求，成立了机构，制订了工作方案。目前全市共成立污染源普查机构 7 个，其中市本级 1 个，县（市、区）5 个，工业园区 1 个。共选聘普查员 110

名，普查指导员 55 名。截至 2018 年 10 底，吴忠市已清查生活源锅炉 290 台，集中式污染治理设施 103 家，完成工业污染源清查 3805 家，清查完成率 100%；完成农业污染源清查 1973 家，清查完成率 100%，污染源普查已进入质量审核阶段。

6. 铁拳铁规治污，不断强化环境监管执法

紧扣"全覆盖、零容忍、明责任、严执法、重实效"的总体要求，以铁的决心、铁的手腕、铁的纪律，实施按日计罚、限制生产、停产整治、查封扣押等手段，开展大气、水、饮用水水源地、规模化畜禽养殖、自然保护区生态、在线监控设施等专项执法行动，依法严厉打击环境违法行为，始终保持环境监管高压态势。2018 年 1—10 月，全市累计实施行政处罚 180 件，罚款 1620.285 万元，实施查封扣押 38 件、限产停产 3 件、移送公安机关 4 件、移送涉嫌污染犯罪 1 件。

（三）多措并举，人居环境日益改善

1. 加大督导检查频次

先后 5 次完成对各县（市、区）农村环境治理工作的督查，发现问题 510 余处，下发农村环境治理工作督办单 45 份，通报农村环境治理问题 2 次，在《吴忠日报》和吴忠电视台上曝光"脏乱差"和整改不力行为 3 次，建立了全市农环治理工作交流微信群，便于及时发现和整改问题，并且协助利通区环卫环保局完成了 2018 年 50 个新（改）建卫生公厕选址工作。

2. 不断完善农村环境市场化服务体系

优先从建档立卡贫困户中聘用保洁人员，打造专业化农村环境保洁企业。目前，吴忠市利通、青铜峡、盐池、红寺堡 4 个县（市、区）均已实现农村环境治理市场化运营模式，同心县将此项工作提上议事日程，稳步推进。

3. 加快城乡环境综合治理法治化进程

成立城乡环境综合治理条例立法领导小组，编订《吴忠市城乡环境综合治理条例》，着力解决城乡环境综合治理现行法律法规不适应新情况新问题、城乡环境卫生管理水平不高、农村环境卫生保障不到位等问题。目前，立法工作已进入广泛征求意见阶段。

4. 强化治理、绿色生产，农业发展环境明显改善

实施农药、化肥零增长行动，全市推广使用有机肥 114.76 万亩。开展畜禽粪污治理行动，通过固体干清粪、生产沼气、有机肥加工三种处理模式，消纳畜禽粪便 218.28 万吨，畜禽粪便综合利用率达到 98.6%。全市 164 家规模化畜禽养殖场中，建成和在建配套废弃物处理利用设施的有 119 家，规模养殖场粪污处理设施装备配套率达 72.6%；实施秸秆综合利用与禁烧工作行动，积极推广秸秆饲料化、能源化、原料化及秸秆还田等技术，通过青黄贮制作、打捆、机械还田及秸秆生物反应堆等方式利用 196 万吨，综合利用率达到 87%。加强秸秆焚烧督查，出动巡查人员 302 人次，出动执法车辆 84 台次，发现沟渠杂草残枝落叶焚烧火点 54 处，向市委、市政府及有关部门报送督查简报 52 期，及时通报各县（市、区）禁烧情况。

二、吴忠市生态环境建设存在的问题

（一）空气质量指标距自治区考核要求还有一定差距

剔除沙尘天气影响，可吸入颗粒物（PM10）平均浓度虽然达到自治区考核指标，但不降反升的态势尚未得到根本性扭转，主要表现在 3 月以来，受不利气象因素、军事演习、春耕生产和京藏高速扩建等重点民生工程开工影响，扬尘及秸秆焚烧现象有所抬头，进入今年冬季后，不利气象因素将会继续影响环境空气质量，大气污染防治目标任务依然艰巨。

（二）污染防治基础设施比较薄弱

各工业园区尚未实现"一区一热源"集中供热供气，园区内企业大多使用燃煤锅炉生产，工业燃煤锅炉废气治理设施不完善，还未做到稳定达标排放。城边村、城中村无集中供热设施，散煤取暖现象较为普遍。

（三）苦水河污染治理需要进一步加强

苦水河入黄河水质为劣 V 类，不能满足自治区入黄水质达到 IV 类的考核要求。苦水河流域面源污染治理工程的设施迫在眉睫，需要专项资金支持。

（四）市辖区农村面源生活污染问题依然突出

清水沟、南干沟上游的农村面源污染问题依然存在，"两沟"沿线的

乡镇生活污水依然没有集中收集处理，沿岸居民生活废水直排"两沟"，村镇级的集污管网及污水处理设施缺口较大。

（五）危险废物、固体废物的监管有待进一步加强

全市各工业园区均未建成规范的固废填埋场，大部分企业也没有建成规范的固废填埋场，固废临时堆放，达不到环评要求。

三、加快吴忠市生态环境建设的对策建议

在今后的工作中，我们将以习近平生态文明思想为指导，全面贯彻党的十九大和全国、全区生态环境保护大会精神和习近平总书记视察宁夏时重要讲话精神，严格按照自治区生态立区战略安排部署，严守生态保护红线，坚决打好环境污染防治攻坚战，持续不断地改善全市生态环境质量。

（一）致力改革创新，健全生态制度

按照自治区大力实施生态立区战略安排部署，持续深化生态文明体制改革，形成节约资源和保护环境的空间格局、产业结构、生产方式、生活方式。严格落实环境保护"党政同责，一岗双责"的要求，全面铺开对各级领导干部自然生态资源资产离任审计工作。持续推进"社会共治"机制，进一步健全区域环保网格管理模式，促进吴忠环保工作精准化、信息化、数字化、标准化更加完善。

（二）致力绿色发展，改善生态环境

把绿色发展作为永续发展的必要条件，以更大力度保护和改善生态环境。高标准建设一批精品景观工程，形成优美的城市生态系统。严把项目准入关，从源头上最大程度限制污染物排放。扎实推进节能减排，建设环境保护智能化监管平台，积极发展循环经济，推动生产方式和生活方式"绿色转型"。健全空气质量考评机制，严格执行扬尘防治监督管理规定，抓好重点区域联防联控。建成利通区、青铜峡市环境空气质量监测网格及生态环境数据平台建设项目（一期），构建空地立体环境空气质量监测体系，对重点工业聚集区及传输通道上的污染源进行实时监控，并对重点乡镇环境空气质量进行考核，实现环境空气质量精细化管理，进一步提升全市环境监管水平。完善利通区、青铜峡市大气污染防治协作机制，加大重

点企业监管力度，提升重污染天气预测预报水平，完善重污染天气应急预案，及时组织区域应急联动。巩固入黄排水沟治理成果，建立水质达标长效管理机制，在 2018 年入黄水质稳定达标的基础上进一步落实河长制工作职责，充分发挥各级河长在水污染防治方面的作用，管控好入黄排水沟周边生态环境，严厉打击取缔"散乱污"小作坊，杜绝新增入沟排污口，确保入沟污染总量不增加。全面启用"两沟"入黄口人工湿地，督导市水投公司按照要求运行湿地设备，进一步提升入黄水质质量。确保黄河干流吴忠段稳定在 II 类以上良好水质，重点入黄排水沟水质基本达到 IV 类。继续开展土壤污染状况详查，根据农用地土壤污染状况详查结果，划定耕地保护类性，推进受污染耕地安全利用。严格建设用地准入管理，加强工业污染源监管，防范建设用地新增污染，提高土壤污染防治和安全利用水平。全面加强涉重金属行业污染防治，继续开展固体废物非法贮存、倾倒和填埋情况专项排查，实施重点工业行业危险废物产生、贮存、利用、处置全过程监管。

（三）致力文明创建，营造生态文化

坚持人人尽责、人人享有，发挥人民群众主体作用，共同缔造城区人文品格，合力开创城区治理新局面。践行社会主义核心价值观，开展道德模范、身边好人等推选活动，引领全民共筑文明底色，让城市文明更显温度。健全文明创建长效机制，组织开展文明出行、低碳生活、垃圾分类等实践活动。进一步提高垃圾分类参与率、投放准确率，鼓励商家自治，引导社会公众实现自我管理。持续开展生态文明宣传教育工作，倡导绿色低碳、文明健康的生活方式和消费模式，推进环保进校园、进社区、进企业，倡导全市群众共同参与生态文明建设。

2018 年固原市生态环境报告

赵克祥

2018 年，固原市以习近平新时代中国特色社会主义思想为指引，深入贯彻党的十九大精神，全面落实自治区、固原市关于加快推进生态文明建设和深化生态文明体制改革的决策部署要求，以人民群众满意不满意为标准，继续抓好中央环保督察反馈问题整改，开展"蓝天、碧水、净土、绿盾"四大行动（以下简称"四大行动"），着力解决危害群众健康和影响可持续发展的环境问题，进一步提升环境监管水平，持续改善环境质量。2018 年 1—11 月，剔除沙尘天气后，固原优良天数比例为 96.9%，较上年同期提高 1.6%，PM10 为 74 微克/立方米，较上年同期下降 1.3%，PM2.5 为 30 微克/立方米，较上年同期下降 3.2%；河流考核断面水质达标率 100%，城市、乡镇集中式饮用水源地水质达标率达 100%；声环境质量均符合城市区域环境噪声标准。

一、提高政治站位，全力抓好中央环境保护督察反馈问题整改

固原市认真贯彻落实习近平生态文明思想，牢固树立"四个意识"，坚持"绿水青山就是金山银山"的新发展理念，全力抓好中央环境保护督察反馈问题整改，紧盯目标任务，压实环保责任，全力解决重点流域、重点

作者简介　赵克祥，固原市环境监察支队队长。

区域、重点行业存在的突出环境问题。

(一) 认真落实环境保护"党政同责,一岗双责"制度

固原市高度重视环境保护工作,落实市领导包抓重点环境问题,研究并督促解决重大环境保护问题,对标整改方案,紧盯时间节点,对整改推进情况进行督查督办,切实做到问题不查清不放过、整改不到位不放过、责任不落实不放过、群众不满意不放过,极大地增强了整改工作的责任感和紧迫感,有力推动了中央环保督察反馈问题的整改。

(二) 全力做好中央第二环保督察组"回头看"和中央第八环保督察组专项督察工作

认真办理督察组转办的群众投诉件,126件转办件全部办结。中央第八环保督察组反馈的时限在2018年年底的整改问题已全部完成。

二、开展"四大行动",打好污染防治攻坚战确保环境安全

(一) 打好蓝天保卫战,大气环境质量持续改善

1. 强化扬尘污染治理

针对城市建筑施工及房屋拆迁扬尘污染突出的情况,组织开展扬尘污染集中整治,全面落实施工围挡、施工场地道路硬化、渣土覆盖、场地洒水湿法作业、车辆密闭运输、出入车辆冲洗6个100%抑尘措施,强化湿法保洁和雾炮降尘,提高市区道路机扫、湿扫率,减少二次污染。

2. 强化煤尘污染治理

开展燃煤锅炉烟尘治理,实施燃煤改气、电工程,清理整顿建成区散煤经营摊点,完成12台20蒸吨/小时以上燃煤锅炉除尘、脱硫脱硝设施建设,对1311家餐饮业进行了清洁能源改造并关停104家,市区106家露天烧烤全部进店,并安装油烟净化设施。

3. 强化汽尘污染治理

以"黄标车"和老旧车辆淘汰为重点,强化高污染排放机动车尾气污染整治。在市区重要路段实行禁停、限行等措施,严格管控重型柴油车、农用车、渣土物料运输车进入市区及主要路段,禁止"冒黑烟"车辆、"黄标车"行驶。截至2018年10月底,共淘汰"黄标车"1917辆,老旧车辆552辆。

4. 强化烟尘污染治理

采取不打招呼、明察暗访等方式，不定期对中铝宁夏能源集团六盘山热电厂、宁夏金昱元广拓能源有限公司等重点企业进行监督检查，确保达标排放。加强秸秆垃圾焚烧管控，采取"封、禁、堵"等措施，督促各县区建立和完善县区、乡镇、村（社区）网格化监管制度，层层落实责任制，有效推进秸秆有效利用和焚烧污染防控。

（二）打好碧水保卫战，水环境质量持续改善

按照"源头治理—河道治理—流域治理"思路，深入开展清水河、葫芦河、渝河、泾河、茹河五河共治，促进水环境质量不断改善。

1. 完善治理方案

坚持一河一策，进行顶层设计，制定了《五河水污染治理方案及重点项目作战图》，完善处理设施，保证所有污水全部处理，达标排放；建设湿地，保证污水再净化；整治河道两岸环境，保护水生态。坚持精准施策，落地见效。

2. 封堵排污口

把杜绝污水入河作为水污染防治的重点任务，组织力量，全面排查整治。截至 2018 年 10 月，五条河各县共查出排污口 108 个，其中较大排污口 38 个，采取关闭、封堵、建设分散式污水处理站、铺设管网收集、拉运等措施进行整治。

3. 整治临河近岸"散乱污"企业

各县区制定了集中整治"散乱污"企业专项实施方案，在排查摸底的基础上，积极开展"散乱污"企业的清理整治。原州区关停清水河沿线"散乱污"企业 3 家、断电 4 家、直接拆除 52 家。泾源县排查禁养区畜禽渔养殖企业、养殖户 22 家，整顿达标排放 22 家，取缔关停不达标养殖企业 1 家。

4. 开展"清河"行动，保护水生态

集中清理五河河道内垃圾及违法违规设施，各县区累计出动人员 9600 余人次，机械 980 余台（次），清理河道约 400 公里，垃圾 4500 余吨。

5. 落实河长制

建立了市、县、乡、村四级河长制，开通了"河长通""巡河通"河长制监管平台，实现了巡河员巡河实时监管，压紧压实各级河长责任，确保河道管治各项责任措施落到实处。

6. 加强城镇污水处理厂监管

紧盯市区第一、二污水处理厂出口水质不能稳定达标问题，聘请专业团队，驻厂把脉会诊，找准问题症结，定向解决存在的题，并对环境卫生、绿化美化、制度建设等方面进行了全面整治。目前，出口水质稳定达标。同时，加大对各县污水处理厂的督查检查，不定期深入各县污水处理厂明察暗访，对发现的问题现场协调，下发督办通知单，限期整改。目前，各县区污水处理厂均达到一级 A 排放标准。

7. 实施水源地环境保护专项行动

集中开展水源地环境保护专项行动，对 12 个城市集中式饮用水水源地进行排查整治。目前，水源地规范化建设正在实施，保护区内违法违规设施已全部拆除。

(三) 打好净土保卫战，保持天然土壤环境

下发了《固原市土壤污染防治工作实施方案的通知》，通过全面排查摸底，完成了农用地土壤污染状况 83 个详查点位的核实，正在进行取样监测；开展了重点行业企业用地详查，督促重点监管企业开展自行监测，对王洼煤业、热电厂、金昱元 3 家工业固体废物堆存场所进行了专项检查。

1. 严格控制农业面源污染

在全市共落实化肥减量增效与耕地质量提升技术示范 2.6 万亩。全市农用化肥施用量（按实物量计），共计 99960 吨，比去年 99970 吨减少 10 吨，增长率为 -0.01%；建立了从机械化覆膜和残膜回收到残膜再生加工利用的长效运行机制和残膜治理监管体系，全市回收农田残膜 157.3 万亩（含设施农业），年残膜回收率达到 90.4%。通过各县区农牧与环保两家对全市 150 家畜禽养殖场联合验收，合格的有 134 家，不合格的有 16 家，设施设备配套率为 89.33%，134 家备案规模养殖场粪污综合利用率达 93.58%。

2. 加强固体废物污染防治

对固原市所属 3 家工业固体废物堆存场所进行全面排查整治，督促企业落实防扬散、防渗漏等环保措施，加强规范管理。

3. 加强重金属企业排查

认真落实生态环境部《关于加强涉重金属行业污染防控的意见》要求，对辖区内涉重金属企业宁夏金昱元广拓能源有限公司进行全面排查，建立了全口径涉重金属重点行业企业清单，督促企业落实清洁生产。

(四) 打好"绿盾"保卫战，守护宁南绿色屏障

1. 开展"绿盾 2017""回头看"

对六盘山和火石寨国家级自然保护区 122 处人类活动点位进行了全面核查，目前已整改到位并销号 121 处，其中六盘山 78 处，火石寨 43 处，1 处（属六盘山）正在整改、销号；共拆除设施建筑面积约 90 万平方米；生态修复面积 110 万平方米。

2. 启动"绿盾 2018"专项行动

实地核查六盘山、火石寨、党家岔自然保护区卫星遥感反馈点位，对核查的 334 处人类活动点位进行了清理整治。目前 334 处点位已全部整改并销号，其中六盘山 46 处，火石寨 10 处，党家岔 278 处；共拆除设施建筑面积约 2 万平方米；生态修复面积约 5 万平方米。同时加强了自然保护区监管力度，建立了常态化监督检查长效机制。

(五) 强化环境执法检查，不断提高环境监管水平

1. 网格化管理

按照《固原市环境监管网格化体系建设实施方案》（固党办〔2016〕69 号）要求，市环保局制定了《固原市环境监察网格化全覆盖管理工作实施方案》，按照属地管理、分级负责、权责分明、全面覆盖的原则，建立完善分层网格制，实现市级对市级直管企业直接监管并对各县区重点监管对象督察指导，县级对辖区内所有监管对象直接监管的监管体系。市级将原州区划分为市区、农村、工业园区 3 个责任网格单元，西吉、隆德、泾源、彭阳县各为 1 个监督网格单元，同时将网格内的重点排污企业落实到人，初步形成了面到县、点到人、横到边、纵到底的监管格局。

2. 严把环保审批关

注重源头治理，落实环境影响评价制度，对不符合产业政策和环保要求的项目一律不予审批，引导企业发展循环经济，走可持续发展道路。

3. 严厉查处环境违法行为

加强执法检查，坚持"12369"环境投诉专线 24 小时值守，随时受理群众举报，依法查处环境违法行为。2018 年共立案查处环境违法行为 65 起，罚款 31 件 1010.8 万元；下发责令停产整治决定书 25 份；按日连续处罚 1 起；移送拘留 2 起；查封扣押 7 起；行政处罚案件数 30 件，处罚金额 320.86 万元。特别是组织市住建、公安、环保等开展联合执法，加大检查力度，出动执法车辆 85 次，执法人员 450 人（次），开展执法检查 48 次，依法查处渣土抛撒遗漏车辆 2497 辆（次），下发督办单 56 份，处罚 30 万元；硬化建筑工地出入口道路 2300 米，下发督办单 38 份，形成高压态势。

二、固原市生态环境建设存在的问题

一是固原市污染治理和生态保护历史欠账大，污染治理和生态修复建设需进一步加强。二是山水林田湖草综合治理机制尚未形成，重点自然保护区土地权属不明确、边界不清晰，自然保护区生态破坏现象时有发生。三是环保机构尚不健全，环境管理体制亟待加强，监管能力有待提升。

三、加快固原市生态环境建设的对策建议

（一）全面加强党对生态环境保护的领导

坚持党对一切工作的领导，严格执行"党政同责，一岗双责"，落实领导干部生态文明建设责任制；坚持管发展、管生产、管行业必须管环保的原则，结合机构和行政体制改革，完善固原市党委、政府及有关部门环境保护职责，实行责任清单管理；落实生态环境保护责任，对导致环境质量恶化，造成严重后果的，给予组织处理或党纪政务处分，终身追究责任，推进环境保护工作任务落实落地。

（二）抓好中央环保督察及"回头看"反馈问题整改

始终坚持问题导向，层层落实责任，层层传导压力，全面抓好中央环保督察、环保督察"回头看"反馈问题及历次交办转办件的整改工作，以解决实际环境问题来回应社会关切，以整改的实际成效来取信于民。

1. 及时高效完成转办问题整改

坚持人民为中心发展导向,高度重视环保督察交办转办群众信访投诉件的办理,持续发力抓好环境问题整改工作,确保落实到位、处罚到位,整改到位。对环境投诉举报件要即交即办、立行立改,把整改行动落到实处,切实让群众看到实实在在的整改效果。

2. 高质量完成督察反馈问题整改

严格对照中央环保督察"回头看"反馈意见,认真研究制定环保督察整改工作实施意见,逐项明确整改落实的目标、措施、时限和责任单位,全力推进中央环保督察和"回头看"反馈问题整改。

3. 建立环保督察整改长效机制

各级领导干部要亲力亲为抓环保督察整改,定期督察生态环境突出问题,确保重点环保督察整改任务取得明显成效。

(三) 坚决打赢污染防治攻坚战

1. 持续开展大气污染防治行动

(1) 强化燃煤污染治理。一是深入推进燃煤锅炉整治,淘汰城市建成区 20 蒸吨/小时以下燃煤锅炉,加强煤炭质量监管和煤炭消费总量控制,建立优质、低排放煤炭产品替代劣质煤机制,全面禁止劣质煤的销售,多元发展城乡清洁供暖,大力推进城市建成区集中供热、工业园区余(废)热回收利用。

(2) 强化扬尘污染治理。全面提升施工扬尘管控水平,建筑工地全面落实"六个 100%"的扬尘防控要求,建立施工扬尘责任制度;加强城市道路扬尘综合整治,全面建立道路"深度机械洗扫+人工即时保洁"清扫模式,市区和县城主要街道全部实现机械化清扫;加强堆场扬尘控制,对工业企业大型料堆、工业固体废弃物堆场进行全面排查及整治;实施矿采区扬尘污染控制,开展矿采区(含砂石料厂)摸底排查,建立整改整治清单,完成采矿区扬尘污染深度整治。

(3) 强化烟尘污染防治。进一步完善污染物排放标准体系和环境监管机制,实行监测数据信息公开,持续推进各类工业污染源持续保持达标排放,将烟气在线监测数据作为执法依据,加大超标处罚和联合惩戒力度,未达标排放的企业一律停产整治。切实加强秸秆禁烧管控，强化各级政府秸秆禁烧主体责任，有效防控禁烧烟尘；强化餐饮行业油烟污染治理，餐饮企业应安装具有油烟回收功能的抽油烟机和高效油烟净化设施并定期进行维护保养，加强居民家庭油烟排放环保宣传，推广使用高效净化型家用吸油烟机。

2. 持续实施水污染防治

实施打好碧水保卫战三年行动计划，将清水河、葫芦河、渝河、泾河、茹河五河流域作为重点区域，以保护母亲河、集中式饮用水水源地综合整治、黑臭水体综合整治和农业农村污染防治为重点，统筹工业污染防治、城镇生活污染防治，扎实推进河长制湖长制，深化流域水污染治理和水生态保护，不断提高水环境管理水平，努力恢复水生态环境的生机和活力，促进全市经济社会的可持续发展。

（1）坚决打赢五河保卫战。坚持流域上下联动治理，紧盯清水河、葫芦河、渝河、泾河、茹河等黄河主要支流，强化源头管控，突出上下游、干支流联防联控，分区域、分流域系统推进水污染防治。全力以赴治"差水"、保"好水"，加强良好水体保护，强化不达标水体治理。集中治理工业园区污染，排查取缔"九小"企业和直排口，加快推进工业园区污水集中处理设施以及配套管网、在线监控等设施建设，积极推进重点行业清洁化改造，实施工业污染源全面达标排放计划。强化城镇生活源污染治理，加快市、县污水处理厂提标改造，完善污水收集管网和污泥无害化处理处置设施建设，加强城镇污水处理设施建设与运营监管，提升污水处理设施规范化运行管理水平。深化农村污染防治工作，村镇污水处理有条件的要并入城市污水处理厂集中处理，无条件并入的要建成污水处理设施。推进河流综合治理，重点实施清水河固原城市过境段人工湿地、沈家河水库至三营段水质提升工程、三营污水处理厂尾水人工湿地净化工程，继续开展沈家河水库污库区污染源整治和生态修复，全面消除劣 V 类重污染水体，彻底解决跨界水污染问题。

（2）打好水源地保护攻坚战。严格按照国家和自治区的相关技术规范，结合饮用水水源地实际情况，依法依规划定或调整水源地保护区，全面开展水源地环境保护排查，摸清水源地环境保护问题底数，按照"一个水源地、一套方案"，制订环境违法问题整改方案，大力实施违法违规问题清理整治。开展水源地安全保障达标建设和环境保护规范化建设。定期监测、评估集中式饮用水水源、供水厂单位供水和用户水龙头水质状况，确保取水口、供水管网、水龙头水质"三达标"。落实城市应急水源建设，积极推进实施城市饮用水水源替代工程。实施农村集中饮水巩固提升和提质改造。健全水源地日常监管制度，提高水源环境安全保障水平。

（3）打好城市黑臭水体治理攻坚战。结合海绵城市建设，大力推进城市黑臭水体整治。通过改造排水管道，封堵排水口，敷设截污管道，设置调蓄设施等措施，大力实施排污口专项整治。科学确定疏浚范围和深度，采取及时清理城市水体沿岸积存垃圾和水体底泥污染物，恢复植被，净化水体等措施，逐步恢复河道生态功能，全面落实河湖长对黑臭水体的管护责任，全面消除城市建成区黑臭水体。

3. 持续实施土壤污染防治打好净土保卫战

全面实施土壤污染防治行动计划，以保障农产品质量和人居环境安全为重点，实施分类别、分用途、分阶段治理，严控新增污染，逐步减少存量污染，有效管控农用地和城市建设用地土壤环境风险。

（1）大力推进土壤安全利用。以农用地和重点行业企业用地为重点，深入开展全市土壤环境污染状况详查，建设全市土壤环境基础数据库，建立被污染土壤风险管控名录及分类管理制度。

（2）加强工业污染源监管。根据工矿企业分布和污染排放情况，确定土壤环境重点监控企业名单，实施动态管理。严格重金属排放项目准入，从严执行环境标准，对相关建设项目环评应强化土壤环境影响评价，提出切实可行的污染防治措施，并加强日常监督管理，防范建设用地新增污染。以工业园区为重点，开展固体废物非法贮存、倾倒和填埋情况专项排查，全面规范固体废物堆存场所建设、贮存、处置，实施重点工业行业危险废物产生、贮存、利用、处置全过程监管。

（3）加强农村农业污染整治。开展农村人居环境整治行动，完善垃圾"户分类、村收集、镇转运、县处理"体系，大力推动农村"厕所革命"，积极推进农村户厕改造建设。加强畜禽养殖污染防治，建立从畜禽养殖空间布局到末端管理全体系监督。加强农业面源污染防治，扩大测土配方施肥范围。

4. 建立完善监管体系，提升环境治理水平

深化生态环境保护管理体制改革，完善生态环境管理制度，坚持环境管理转型和创新，加快构建生态环境治理体系，加强环境治理能力，提升环境治理的现代化水平。

（1）健全环境监管体制。按照山水林田湖草系统治理要求，推进统一履行自然资源与生态环境保护管理职责体制改革，采取综合管理、统一监管、行政执法手段，建立依法独立开展生态环境监管和行政执法的生态环境监管体制。完成环境保护机构监测监察执法垂直管理改革，健全县级环境保护机构，乡镇（街道）、开发区、工业园区设立环境保护机构或明确承担环境保护职责的具体部门。

（2）加强环境监测能力建设。建立生态保护红线监管和资源环境承载能力监测预警平台。优化完善全市生态环境监测点位，建成覆盖全市国土空间，涵盖大气、水体、土壤等生态环境要素及重点污染源的生态环境监测网络。生态环境质量监测网络覆盖所有县区、工业园区和重点乡镇。普及智慧化执法监管平台，推进自动监控、卫星遥感、无人机等技术运用。加大应急装备和物资保障力度，提高生态环境风险防控和突发事件应急处置能力，加强人工影响天气能力建设。

2018 年中卫市生态环境报告

孙万学

中卫市委、市政府以习近平新时代中国特色社会主义思想为指导，全面贯彻党的十九大精神，认真落实党中央、国务院和自治区决策部署及全国生态环境保护大会要求，以改善生态环境质量为核心，深入实施生态立市战略，坚持全民共治、源头防治、标本兼治的基本方针，着力实施美丽中卫建设，生态环境状况有了显著改善。

一、主要做法及取得的成效

（一）落实监管责任，构建长效联动机制

召开全市环保工作大会，印发了《中卫市 2018 年度环境保护重点目标任务清单及评分标准》《中卫市 2018 年大气污染防治重点任务工作方案》《中卫市 2018 年水污染防治重点任务工作方案》《中卫市 2018 年土壤污染防治重点任务工作方案》《中卫市 2018 年度主要污染物总量减排计划》等，明确了污染防治年度工作的目标任务、责任部门、完成时限，并与县区、市直部门和重点企业签订环境保护目标责任书。市委、政府主要领导多次主持召开污染防治工作会，亲自调研、亲自部署、现场交办、层层加压，切实解决工作中的困难和问题。

作者简介　孙万学，中卫市环境保护局自然生态环境和农村环境监督管理科科长。

（二）强化项目管理，严控新增污染

严格按照《建设项目环境影响评价法》《建设项目环境管理条例》和《建设项目分类管理名录》的要求，把建设项目环境管理作为控制新污染源的重要手段，严把建设项目审批准入门槛。鼓励和引导企业发展节能环保生态绿色的大数据云计算产业、旅游产业、物流产业、新型工业和现代农业等，建立规划环评、建设项目环评评审专家库，切实做好规划环评审查和建设项目环评审批工作。积极引导工业项目向工业园区集中，优化产业结构，依法淘汰小水泥、小炼铁、小造纸、小化工等落后产能。

（三）精心组织安排，坚决打好污染防治攻坚战

1. 坚决打好大气污染防治攻坚战

一是狠抓燃煤锅炉淘汰和煤质管控。共淘汰燃煤锅炉182台，抽检煤炭128批次，对不合格批次煤炭依法查处并整改，积极推进乡镇洁净煤配送中心建设。二是狠抓重点行业排放治理。实施茂烨冶金、三元中泰、跃鑫钢铁等铁合金企业无组织排放升级改造，开展利安隆、顺泰、茂烨冶金等27家企业工业堆场项目封闭式改造和建设。三是狠抓城市扬尘污染防控。开展扬尘治理专项巡查，严格落实建筑工地扬尘治理"6个100%"标准，下发整改通知191份，停工通知45份。加强道路扬尘防治，道路清扫保洁机械化清扫率达到70%以上。加强餐饮油烟污染治理，督促城区635家餐饮单位完成油烟净化机加装。加强秸秆焚烧整治，制定2018年秸秆综合利用与禁烧实施方案，实行最严格的禁止秸秆焚烧制、封山禁牧制。四是狠抓机动车污染防治。制定重型车辆整治方案，在城市建成区主要路口（路段）增设交通标志和安全防护设施，实行渣土拉运24小时无缝隙管理机制，处罚覆盖不严的渣土车140辆，淘汰"黄标车"521辆。1—10月，中卫市优良天数达标率为90.7%，同比提高了8.4%；可吸入颗粒物（PM10）平均浓度为73微克/立方米，同比下降了6.4%；细颗粒物（PM2.5）平均浓度为31微克/立方米，同比下降了6.1%，完成自治区年初下达的目标任务，综合指数排名全区第2名。

2. 突出抓好水污染防治

一是认真落实河长制。制定市级河长"一河（湖）一策"，编制完成市

级重点河（湖）沟道初步治理方案。扎实开展清河专项行动，对清水河海原段，沙坡头区第三、四排水沟，中宁县北河子沟等沟道实施清理整治，对重点流域清水河干流、支流、重点入黄排水沟和污水处理厂进行专项督查，整治河道岸线893余公里，取缔拆除违法建筑物面积2.42万平方米，清理各类垃圾3.3万余吨，取缔非法采砂场101家。二是实施工业和城乡水污染治理。积极开展"九小"企业排查整治，加快治理项目建设，建成中卫工业园区中水回用项目并启动运行。实施污水处理厂新建和提标改造工程。持续开展农村环境综合整治和畜禽养殖污染防治，健全完善环境卫生保洁机构，完成禁养区的划定和搬迁工作，扎实推进规模养殖场畜禽粪污治理设施改造工作，畜禽规模养殖场粪污处理设施配套率达80%。三是扎实开展饮用水水源地保护专项行动。组织县区对水源地进行全面排查，建立问题清单，逐一整改销号。开展水源地规范化建设，提高水源地保护能力建设，确保饮水安全。四是实施重点流域综合整治。加大排查力度，开展入沟排污口调查摸底和规范整治行动。排查整治工业园区、企业直接入沟排污口14个，取缔关停6个，整顿达标8个。开展重点排水沟沿线的畜禽养殖场专项治理工作，拆除重点河沟养殖场6家，要求规模化养殖场建设防渗漏集污罐及养殖堆粪场，有效缓解了重点排水沟水污染问题。完成中卫第三、四排水沟上游城区段排灌分离综合治理工程，中宁北河子沟入黄口生态湿地建设，海兴开发区污水处理厂尾水深度净化湿地建设。2018年1—11月，国家考核的黄河干流中卫市下河沿、金沙湾断面和香山湖水质总体为Ⅱ类，黄河支流清水河泉眼山断面水质总体为Ⅱ类，清水河海原三河断面水质总体为Ⅳ类，符合国家和自治区考核要求。

3. 全面确保土壤质量安全

一是强化用地规划。编制了《中卫市城市总体规划（2004—2025)》《中卫市城乡总体规划纲要（2015—2030)》等规划，按照循序渐进、节约土地、集约发展、合理布局的原则，加强城乡规划论证和审批，严格执行工业企业选址布局要求，禁止在居民区、学校、医疗和养老机构等周边新建有色金属冶炼、焦化、化工、电镀等行业企业。二是强化农用地环境质量管理。组织开展了全市农用地土壤污染状况详查工作，划定全市永久基本农田，严格执行土地管理法律法规和耕地保护九项制度规定，确保耕地面积不减少、土壤环境质量不下降。三是强化重点行业企业土壤环境管理。加强重点行业企业的监管，与全市30家重点行业企业签订目标责任书，督促企业开展用地土壤自行检测。印发《关于印发中卫市涉镉等重金属重点行业企业排查整治方案》，强化重金属企业监管，指导宁夏天元锰业、宁夏华夏环保2家公司完成相关生产线清洁生产审核验收。四是严控农业面源污染。印发《中卫市2018年农业面源污染防治工作实施方案》《中卫市2018年农用残膜回收利用和残膜污染整治工作实施方案》，大力实施化肥农药零增长行动，推进沙坡头区农药包装废弃物回收处理试点工作，抓好"白色污染"防治，强化畜禽养殖污染治理，减少环境污染。五是强化固体废物监管。印发《中卫市2018年涉工业固体废物企业专项检查方案》《中卫市2018年废弃危险化学品专项检查实施方案》，加强企业固体废物监管，对存在环境突出问题的企业依法进行处罚。六是加强生活垃圾和生活污水的收集处理。制定完善生活垃圾收集处理制度，配置建设垃圾箱、垃圾收集转运车辆、垃圾填埋场、垃圾中转站及污水处理设施，加大城乡环境卫生和非正规垃圾堆放点的综合整治，对城乡生活垃圾进行集中无害化处置。

（四）加强环境质量监测，提供科学决策依据

组织开展国控、省控重点监控企业污染源监测，有序开展各类源监督性监测及在线设备有效性比对监测，并及时上报、公开监测结果，共监测50家企业，形成监测报告50份；在线比对监测共监测49家企业，形成监测报告49份。加强水环境质量监测，对黄河下河沿、清水河泉眼山、中卫香山湖3个国控断面（点位）、第一排水沟、第四排水沟、中宁县北河子沟3个区控断面（点位）开展监测，共开展监测40次，取得有效监测数据1472个，形成监测报告40余份。扎实做好园区观测井水质监测，按计划认真开展老明盛周边、华御、蓝丰观测井水质跟踪监测，共监测5次，形成监测报告5份。认真开展农村环境质量监测工作，组织开展海原县3个村庄环境空气、饮用水源水质监测工作，监测2次，形成监测报告2份，为制定大气、水环境质量整治提供了科学决策依据。

（五）强化环境执法监督，严查环境违法行为

全面实行环境监察网格化管理制度，保持打击环境违法行为高压态势，坚决查处非法排放有毒有害污染物、违法违规存放危险废物、非法处置危险废物、不正常使用污染治理设施等环境违法行为，全市共检查污染源 1678 余次，出动监察执法人员 3228 余次，对 63 家企业存在的环境违法行为进行了立案查处，下达行政处罚决定书 170 余份、责令改正违法行为决定书 319 份、责令停产整治决定书 125 份，下发责令环保整治通知 4 份、限期整改通知 27 份，限期拆除 53 份，关停取缔 31 份，罚款 2280.4 余万元；加强环境信访管理工作，安排专人 24 小时接听"12369"投诉热线，对群众反映强烈、影响恶劣的环境信访案件集中梳理解决，全市共受理各类信访案件 284 件，群众投诉办理答复率 100%。

（六）扎实开展自然保护区清理整治，提升生态服务功能

制定"绿盾 2018"沙坡头和南华山 2 个国家级自然保护区清理整治专项行动方案，对"绿盾 2017"专项行动点位整改问题进行"回头看"，对辖区内自然保护区违法违规问题进行再排查、再整治。截至目前，沙坡头国家级自然保护区中央第八环保督察组反馈的 53 处点位，环保部遥感监测 35 处点位，已全部整改完毕。南华山国家级自然保护区列入"绿盾 2018"专项行动点位 62 处，已完成整改，并已进行植被恢复。

二、中卫市生态环境建设存在的问题

（一）资金投入不足

生态保护建设资金投入不足，基础设施不完善，生态保护重点建设任务繁重而艰巨。

（二）环境空气质量面临的形势仍然严峻

当前空气质量明显改善，但进入秋冬季，由于植被干枯、地面沙化等因素，空气质量面临的形势仍然严峻，仍有一定压力，环境质量改善目标需紧盯不放。

三、加快中卫市生态环境建设的对策建议

(一) 进一步提高政治站位

各县区、相关部门要按照党中央、国务院及自治区打好污染防治攻坚战要求，认真履行环保责任，强化政治担当，扎实推进"党政同责，一岗双责"。严格落实"管发展必须管环保，管生产必须管环保，管行业必须管环保"要求，认真履行环保责任，强化政治担当，切实增强保护生态环境、建设生态文明的自觉性、坚定性，以更大的决心、更强的力度、更高的标准，扎扎实实抓好生态环境保护各项工作。

(二) 全力推进重点任务建设

要严格对照自治区和市政府交办的年度重要指标和重点任务，进一步算清时间账、任务账、目标账，列出任务清单，对没有完成的重大任务和重点项目要倒排工期，切实落实工作责任，加大工作力度，扎实有效推进各项工作，确保全面完成今年生态环境保护各项目标任务。

(三) 逐步加大生态环境保护资金投入力度

提高专项资金预算安排规模，建立政府、企业、社会多元化投融资机制，逐年增加环境污染治理和生态保护专项资金，整合财政专项资金集中用于重点流域、重点区域污染治理和生态保护，提高资金使用效率，切实解决环境保护基础设施不足的问题。

附 录
FULU

宁夏生态文明建设大事记

（2017 年 12 月—2018 年 11 月）

师东晖

2017 年 12 月

1 日　自治区政府暗访组对银川市冬季大气污染防治工作情况进行暗访。

是日　银川市第二污水处理厂提标扩建项目顺利通水投入运营，污水处理能力由原来的 5 万立方米/日提高到 7.5 万立方米/日，出水水质由原来的国家二级标准提升到国家一级 A 排放标准。

3 日　宁夏环保部发布环境预测：12 月 3 日至 10 日，全区空气质量总体扩散条件一般，银川、石嘴山、吴忠、中卫可能会有弱沙尘天气，以轻到中度污染为主，局部可能出现短时重度污染。

5 日　自治区大气污染防治工作组 11 月 28 日下沉巡查以来，共检查对象 704 个，发现存在环境问题对象 450 个，存在环境问题 483 个，责令整改环境问题 434 个，责令限产停产整治 9 个，行政处罚 9 个，移交公安机关处理 1 个。

是日　根据自治区大气污染防治工作组通报：全区 5 个国控城市评价站点 PM10 "飘红"，银川 4 个站点不降反升，最高上升幅度 36.9%。

是日　自治区召开大气污染防治第二次调度会，通报上周大气污染防

作者简介　师东晖，宁夏社会科学院农村经济研究所（生态文明研究所）助理研究员。

治和气象情况，分析研判突出问题，安排部署近期工作。

6 日 自治区人大常委会组成 5 个执法检查组，分赴银川、石嘴山、吴忠、固原、中卫，对各地贯彻执行环保法和《宁夏回族自治区大气污染防治条例》，落实中央环保督察转办事项进行了检查。

7 日 从银川市住房和城乡建设局获悉，银川市完成 9 条黑臭水体整治，总长度 30.5 公里，投资 1.35 亿元。

是日 从宁夏森林病虫防治检疫总站获悉，2017 年宁夏林业有害生物发生面积为 477.65 万亩，成灾率 5.64‰，无公害防治率 87.9%，测报准确率 90%，种苗产地检疫率 100%，全面完成国家林业局下达的任务指标。

10 日 银川市纪委监察局立即启动追责程序，依照相关规定对在"蓝天保卫战"工作中行动慢、不到位、不彻底、不精准的相关责任人进行追责。

12 日 自治区大气污染防治综合协调组对自治区政府下派五市工作组的督导检查情况进行通报。

是日 宁夏空气质量恶化情况连续 6 周实现减缓。

是日 自治区召开大气污染防治第三次调度会，通报全区大气污染防治和周调度情况，分析研判当前形势和存在问题，安排部署近期工作。

14 日 自治区加快推进中央环保督察反馈问题整改，截至 12 月 7 日，五市及宁东基地牵头完成整改任务 23 项，今年应完成尚未完成的任务有 16 项。

17 日 自治区依法查处各类违法案件 100 余起，巡查河道长度 1.6 万多公里，现场制止违法行为 151 次，依法拆除河道管理范围内违规建筑物 280 多座、采沙场 90 多个，湖泊、库区和泄洪区内违法建筑物 2 万余平方米。

19 日 自治区大气污染防治综合协调组通报：全区环境空气质量综合指数同比持平，空气质量总体评价由恶化扭转为持平。

是日 自治区召开大气污染防治第四次调度会，通报大气污染防治进展和气象情况，深入研判形势，周密部署近期攻坚决战行动。

20 日 自治区政府暗访督导组对银川大气污染防治工作再次进行暗访督导。

22 日 自治区环境保护厅组织召开中央第八环境保护督察组反馈问题

验收销号工作培训会。

26日　银川市环境保护局、气象局首次联合发布重污染天气橙色预警信息，启动重污染天气 II 级应急响应。

27日　银川市第四污水处理厂升级改造工程及第五污水处理厂扩建、升级改造工程已顺利完成，出水水质均由一级 B 排放标准提高至一级 A 排放标准。

是日　自治区各地已经陆续启动中央环保督察整改落实销号工作。

29日　自治区实施水资源费"费改税"。

2018 年 1 月

2日　从银川市大气污染防治攻坚行动新闻通气会上获悉，2017 年 PM2.5 平均浓度同比下降 12.5%，达到自治区考核要求，SO_2 连续两年达到国家空气质量二级标准要求。

是日　从自治区防汛抗旱指挥部办公室了解到，受强冷空气影响，当日 8 时，黄河宁夏段石嘴山河段首次出现流凌。

是日　自治区全面深化改革领导小组召开第二十六次会议，研究审议《自治区生态保护红线划定方案》等 6 个改革文件。

6日　受持续低温影响，黄河宁蒙河段封河上首进入宁夏境内，石嘴山麻黄沟河段出现首次封河。

7日　从银川市住房和城乡建设局获悉，银川市第二、四、五污水处理厂提标改造工程和新建的第七污水处理厂全部竣工并通过环保验收，日增加污水处理能力 12.5 万吨，出水水质均达到了一级 A 标准。

10日　自治区召开冬季大气污染防控推进会，安排部署冬防期间大气污染防控工作。

13日　自治区政府办公厅印发《宁夏回族自治区第二次全国污染源普查工作实施方案》，宁夏全面启动污染源普查工作。

15日　自治区召开水污染防治专题会议，强调全区上下狠下决心猛出重拳坚决打赢水污染防治攻坚战。

是日　自治区环保厅印发《行政执法公示办法》《重大行政执法决定

法制审核办法》《行政执法全过程记录实施办法》3 项新规。

29 日　自治区"蓝天碧水·绿色城乡"专项行动领导小组办公室印发《自治区"十三五"主要污染物总量控制规划》，对宁夏"十三五"时期主要污染物减排工作进行了全面部署。

31 日　从银川市环保局了解到：2017 年，银川市水环境质量稳中向好，国家考核黄河流域断面中，黄河银古公路桥断面水质达到地表水 II 类标准，平罗黄河大桥断面水质达到地表水 III 类标准；自治区考核地表水体中，阅海、典农河、鸣翠湖水质均达到地表水 IV 类标准；东郊和北郊城市水源地水质均达到地下水 III 类标准。

2018 年 2 月

1 日　从银川市环保局获悉，2018 年年底前，银川市将全面完成饮用水水源一级保护区内与供水设施和保护水源无关企业的搬迁关闭工作。

是日　从自治区农牧厅获悉，2017 年，自治区区按照"一控两减三基本"的工作要求，突出节水、减肥、减药、畜禽粪污、秸秆和残膜综合利用，深入落实自治区《关于全区农业面源污染防治实施意见》，多举措治理农业面源污染，努力让宁夏的天更蓝、水更清、地更绿。

2 日　从自治区农牧厅获悉，2017 年自治区共完成银北盐碱地农艺改良 60 万亩，为全区粮食丰产奠定了坚实基础。

11 日　从自治区环保厅获悉，2018 年自治区环保部门将主攻大气、水、土壤三大领域污染治理，力争三至五年基本解决环境突出问题。

12 日　宁夏等 15 个省市区生态保护红线划定方案获批。

17 日　自治区发改委组织完成了《宁夏耕地草原河湖休养生息规划（2018—2030 年)》的编制工作。

22 日　自治区环保厅发布的《2018 年自治区重点排污单位名录》囊括宁夏 286 家涉水、大气、土壤单位及企业。按照要求，这 286 家企业必须开展自行监测、如实向社会公开环境信息等工作，全面接受公众监督。

26 日　自治区制定出台生态文明建设目标评价考核办法，绿色"指挥棒"成为推进生态文明建设的重要约束和导向。

28 日　从全区林业工作会议上获悉，2018 年自治区启动贺兰山、六盘山、罗山"三山"自然保护区能力建设，推进银川都市圈生态建设，努力把宁夏打造成为西部绿色生态高地，筑牢西部重要生态屏障。

2018 年 3 月

2 日　黄河宁夏段封河河段全线平稳开河，凌汛期全面结束。

5 日　从自治区地税局获悉，宁夏水资源税征收初战告捷，首月组织入库 1151 万元。

是日　从吴忠市园林管理局获悉，吴忠市首次创新运用河长制信息管理系统，及时有效掌握湖面工作动态。

12 日　从自治区国土厅获悉，《宁夏回族自治区矿产资源总体规划（2016—2020 年)》正式下发执行。

13 日　自治区推进清水河流域水污染治理。

是日　自治区湿地保护修复工作会议在银川召开，研究部署加强湿地保护修复工作。

15 日　自治区"蓝天碧水·绿色城乡"专项行动领导小组办公室发布《2018 年自治区环境空气质量排名通报方案（试行)》。

是日　从自治区国土资源厅获悉，宁夏 307 眼监测井国家地下水监测工程基本完工，验收启用后将形成完整的宁夏地下水监测网。

19 日　从自治区水利厅获悉，2018 年年底前，自治区将实现河湖长制全覆盖，建立健全河湖长组织体系。

20 日　从自治区国土资源厅获悉，自治区将持续在耕地保护上发力，保证宁夏耕地保有量和永久基本农田面积分别保持在 1749 万亩和 1400 万亩以上。

21 日　自治区召开 2018 年污染治理重点任务交办会。

22 日　自治区在银川举行第 26 届"世界水日"、第 31 届"中国水周"宣传活动。截至 2017 年年底，宁夏农业高效节水灌溉面积达到 300 万亩。

是日　自治区召开国土绿化动员会，对全区国土绿化工作进行安排部署。

26 日　自治区出台《落实生态立区战略推进大规模国土绿化行动方

案》，决定用 5 年时间开展植绿、增绿、护绿"七大行动"，打造西部地区生态文明建设先行区。

27 日 银川市林业局发布生态绿化三年行动计划，明确利用三年时间完成城乡生态绿化 30 万亩。

2018 年 4 月

3 日 自治区召开贺兰山生态环境综合整治工作会议，安排部署 2018 年宁夏贺兰山国家级自然保护区生态环境综合整治工作。

6 日 青铜峡河西总干渠开闸放水，标志着宁夏 2018 年引黄灌区春灌工作全面展开。

8 日 从银川市环保局获悉，银川市开展集中式地下水饮用水水源地环境保护专项整治行动。

10 日 自治区环境保护厅对沙湖水质治理工程及污染源整治工作进行了督查，实地查看沙湖补水预处理与湿地恢复工程、东南部湖区水质改善与原位修复等工程进展。

11 日 银川市加速推动低碳城市建设，出台的《低碳城市发展规划 (2017—2020 年)》，到 2020 年优良天气力争达 80%，新能源公交车占比100%。

13 日 宁夏召开典农河河长第三次会议，对 2018 年典农河水环境治理工作进行安排部署。

是日 从银川相关会议获悉，根据水质监测数据，典农河银川段水体水质稳定在Ⅳ类以上。2018 年 3 月，典农河上段、阅海水质均达到Ⅱ类，典农河贺兰县段达到Ⅲ类，水环境质量整体向好。

19 日 从自治区人大常委会获悉，"2018 年中华环保世纪行——宁夏行动"实施方案出炉，依法推动相关问题的解决和水环境质量的持续改善。

20 日 从自治区河长制办公室获悉，自 2 月开展清河专项行动以来，自治区集中整治河流、湖泊、沟道、水库、水域岸线的乱建乱占、乱围乱堵、乱采乱挖、乱倒乱排行为，打击违法违规行为，促进全区河湖卫生状况、水体环境明显改善。

21 日 银川市按照自治区党委和政府关于贺兰山国家级自然保护区综

合整治工作的决策部署，由该市牵头整治的 40 处整治点目前全部完成了整治任务，取得了阶段性成果。

22 日　自治区政府办公厅印发《集中式饮用水水源地环境保护专项行动方案》，确定全区县级及以上城市利用 2 年时间，全面完成水源地环境保护专项整治和规范化验收评估工作。

26 日　银川市人大常委会正式启动"中华环保世纪行——首府行动"，主题是"湖城碧水·河长在行动"。

是日　银川市出台《关于推进建筑垃圾资源化利用工作的实施意见》。

是日　从银川市环保局获悉，2018 年以来，银川市以中央环保督察组转办事项"回头看"为抓手，全力推进突出环境问题全面整改，加大对环境违法行为打击力度。

2018 年 5 月

3 日　从自治区环境保护厅了解到，自治区将对 5 个地级市开展环境保护督察，旨在推动地方党委、政府切实履行环境保护"党政同责，一岗双责"，形成长效机制。

9 日　自治区第二次全国污染源普查工作会议召开。

11 日　自治区环保厅对 4 月全区集中式饮用水水源地环境问题清理整治进展情况进行通报：盐池县刘家沟水库整治进度为 20%、海原县南坪水库整治进度为 50%、泾源县香水河水源地整治进度为 10%。

12 日　从自治区水利厅获悉，2018 年汛期，宁夏气候状况总体偏差，主汛期降水偏多，需警惕降雨时空分布不均引发的区域性洪涝或干旱灾害，防汛抗旱形势不容乐观。

13 日　从银川市环保局获悉，为全面降低臭氧污染程度，提高空气优良天数比例，银川市通过强化工业企业氮氧化物和挥发性有机物排放管控、餐饮油烟专项整治等措施，加大臭氧污染防治力度。

27 日　自治区"蓝天碧水·绿色城乡"专项行动领导小组办公室出台《散乱污企业排查整治专项行动方案》，确定即日起全面推进"散乱污"企业整治，以实现"清零"目标，全力改善环境空气质量。

29 日 宁夏回族自治区第十二届人民代表大会常务委员会第三次会议通过对《宁夏回族自治区污染物排放管理条例》修改的决定。

是日 自治区环保厅向社会发出邀请，请公众参与"六·五"环境日暨环境教育宣传周活动，共同关注保护生态环境。

30 日 宁夏首个环境资源保护法庭——银川市西夏区法院贺兰山环境资源保护法庭，在贺兰山国家级自然保护区揭牌成立。

2018 年 6 月

1 日 中央第二环境保护督察组对宁夏开展"回头看"工作动员会在银川召开。

是日 银川市兴庆区与宁夏水投集团就开展水务一体化工作项目举行签字仪式。

2 日 从自治区环保厅获悉，自治区 2018 年 6 月起开展排污许可证专项执法检查，涉及火电、造纸、水泥等 13 个重点行业的排污单位。

5 日 按照中央第二环境保护督察组"回头看"工作要求和自治区党委领导批示，自治区环保厅夜查"散乱污"企业，严格依法处理环境违法行为。

是日 自治区党委办公厅、政府办公厅联合下发《关于做好中央环境保护督察"回头看"边督边改工作的通知》，要求扎实做好中央环保督察边督边改，切实做到"三个不放过"。

6 日 自治区第二次全国污染源普查领导小组近日向全区各级普查机构提出要求：全面落实污染源普查清查阶段任务。

7 日 银川市环保局向社会通报 4 起环境行政处罚典型案例。

9 日 从自治区林业厅获悉，自治区决定 2018 年 6 月至 12 月全面开展自然保护地大检查工作，对全区各类自然保护地等自然遗产进行彻底调查，为全区自然保护区保护管理提供重要基础数据。

10 日 "2018 中华环保世纪行——宁夏行动"正式启动。2018 年以"防治水污染，保护水环境"为主题，积极推动自治区水生态环境突出问题解决和水环境质量持续改善。

11 日　自治区第二次全国污染源普查领导小组办公室通报全区污染源普查全面清查第三次调度情况。

13 日　"中华环保世纪行——宁夏行动"组委会现场督办华电宁夏灵武发电有限公司"东热西送"工程进度。

17 日　"中华环保世纪行——宁夏行动"组委会检查组对石嘴山第三、五排水沟水污染治理项目进度进行检查。

18 日　从"中华环保世纪行——宁夏行动"执法检查组获悉，自治区水环境明显改善、水生态局部趋好，河湖、排水沟治理保护成效初步显现。

20 日　生态环境部、住房城乡建设部组成专项督查组进驻宁夏，开展为期 15 天的黑臭水体整治专项督查。

22 日　从自治区林业厅获悉，宁夏沙产业迅猛发展，年产值达 35 亿元以上，宁夏荒漠化土地和沙化土地面积双缩减，创造了防沙治沙"中国经验"。

29 日　自治区环保厅公开宁夏地表饮用水水源地环境问题清理整治进展，泾源县香水河水源地、盐池县刘家沟水库、海原县南坪水库整治进展分别为 30%、70%、25%。

2018 年 7 月

6 日　自治区环保厅组成第二次全国污染源普查清查阶段质量核查组，对全区各地工业源、农业源、生活源锅炉和入河排污口及集中式污染治理设施等，展开随机抽查。

7 日　第一批中央环境保护督察"回头看"6 个督察组对宁夏等 10 省区全部完成督察进驻工作。

13 日　从自治区环保厅获悉，自治区抽查重点排污单位自行监测情况，14 家企业普遍存在公开信息不完整等问题。

14 日　国务院第二次全国污染源普查领导小组办公室组织检查组，对宁夏第二次污染源普查清查工作进行抽查检查。

16 日　自治区"蓝天碧水·绿色城乡"专项行动领导小组办公室通报了 2018 年 1 月至 6 月全区环境空气质量（剔除沙尘天气）排名情况。

17 日　自治区高级人民法院发布《宁夏回族自治区高级人民法院关于充分发挥审判职能作用，为实施生态立区战略提供司法服务和保障的意见》。

是日　按照国务院第二次全国污染源普查领导小组办公室对自治区污染普查清查工作检查反馈意见，自治区决定于 7 月 17 日起，全面开展全区污染源普查清查工作"回头看"检查。

20 日　从自治区防汛抗旱指挥部获悉，自治区进入多雨期，防汛形势严峻。

23 日　从自治区应急办获悉，自治区启动防汛二级应急响应。

25 日　中宁县大战场集镇污水处理厂试运行，该污水处理厂是全区首家出水水质执行一级 A 标准的农村集镇污水处理厂。

26 日　自治区人大常委会对《关于加强银川及周边地区大气污染联防联治的建议》进行现场督办。

是日　根据生态环境部通报的 2018 年上半年空气质量状况显示：在全国 169 个地级及以上城市中，银川市上半年空气质量改善率排名第三。

27 日　宁夏回族自治区第十二届人民代表大会常务委员会第四次会议决定，批准《银川市建筑垃圾管理条例》《银川市餐饮服务业环境污染防治条例》。

是日　自治区十二届人大常委会第四次会议审议通过《宁夏回族自治区绿色建筑发展条例》，条例将于今年 9 月 1 日起正式施行。

31 日　"中华环保世纪行——宁夏行动"督察组赴吴忠市红寺堡区、盐池县开展专项跟踪调研督察。

2018 年 8 月

1 日　自治区通报 2018 年 7 月全区地表饮用水水源地环境问题清理整治进展情况。

2 日　自治区国有林场改革工作领导小组会议在银川召开。改革后，自治区国有林场由 98 个整合为 90 个，管护国有林地面积由 1543.88 万亩增加到 1637.05 万亩。

3 日　从自治区环保厅了解到，包银高铁宁夏段环评获生态环境部批复。

4 日　西部地区首个 25 万吨秸秆综合利用循环经济示范项目正式启动。

6 日　从自治区水利厅获悉，经过对中卫、吴忠、石嘴山等城市段黄河标准化堤防的建设，黄河宁夏段二期防洪工程建设在防洪、防凌方面发挥了显著作用。

8 日　宁夏天保工程显现出生态恢复、民生改善等多重效应。

是日　从自治区成立 60 周年第二场新闻发布会上获悉，宁夏生态文明建设成效显著。

10 日　"中华环保世纪行——宁夏行动"督查组到海原县就环保整改项目开展跟踪调研督查工作。

13 日　自治区分赴全区各地开展 2018 年污染防治重点任务督查检查，突出检查中央环保督察反馈意见整改等 5 项重点工作。

15 日　自治区现代化生态灌区暨高效节水灌溉推进会在盐池县召开。

是日　"中华环保世纪行——宁夏行动"组委会先后对彭阳县、泾源县环保整改项目进行了跟踪调研督查。

是日　自治区污染防治重点任务督查组分 3 个小组，重点对吴忠市大气、水污染防治及土壤污染防治重点任务、中央环保督察反馈问题整改及"绿盾 2018"自然保护区清理整治工作情况进行了检查。

是日　自治区环保厅发布《关于银川都市圈范围火电钢铁等行业执行大气污染物特别排放限值的通告》。

17 日　宁夏将财政投入与环境质量和污染物排放总量挂钩，变财政投入补助为主以奖代补、奖励和处罚并举。

21 日　自治区通报 2018 年 1—7 月环境空气质量排名，五市空气质量中固原最优，石嘴山垫底。

是日　宁夏地质灾害应急卫星指挥及会商系统建成并投入使用。

23 日　自治区污染源普查办公室在全国率先启动省级污染源普查员、普查指导员"两员"培训，全力备战污染源普查入户调查。

27 日　自治区党委办公厅、政府办公厅印发《宁夏回族自治区关于深化环境监测改革提高环境监测数据质量的实施意见》。

29 日　自治区党委常委会召开会议，研究部署全区生态环境保护等工作。

30 日　自治区环保厅对宁夏饮用水水源地环境问题 8 月清理整治进展情况进行通报。

31 日　自治区召开环保重点任务督查推进会。

2018 年 9 月

5 日　从自治区水利厅获悉，宁夏水利系统基本实现了互联网全覆盖、三大扬水泵站自动化、渠道测控一体化。

6 日　自治区出台《宁夏打赢蓝天保卫战三年行动计划（2018—2020 年）》。

12 日　依照《自治区打赢蓝天保卫战三年行动计划（2018—2020 年)》要求，自治区将利用 3 年时间加速推进工业污染源全面达标排放。

14 日　在自治区十二届人大常委会第五次会议上，自治区人大常委会组成人员对《宁夏回族自治区生态保护红线管理条例（草案)》进行了初次审议。

15 日　自治区召开沙湖水环境治理专题会议，通报沙湖水环境治理情况和沙湖水环境监测情况，安排部署下一步工作。

17 日　自治区第二次全国污染源普查入户调查阶段工作全面开始。

23 日　自治区林业部门以提高森林覆盖率、提升森林经营水平和森林质量为抓手，探索出多种大规模国土绿化的新模式。

25 日　自治区全域推行大气污染热点网格监管。

28 日　"中华环保世纪行——首府行动"组委会检查组对银川市芦草洼人工湿地、银新干沟黑臭水体综合治理等项目进行督办。

2018 年 10 月

7 日　自治区环保厅公布宁夏地表饮用水水源地环境问题清理整治进展。

是日　银川市启动秋冬季污染防治攻坚战役。

8 日　宁夏"蓝天碧水·绿色城乡"专项行动领导小组办公室通报自治区 8 月及 1—8 月份全区环境空气质量（剔除沙尘天气）排名。

是日　自治区打造农田水利基本建设"升级版"。

9 日　自治区确定地质灾害隐患点 1856 处。

12 日　自治区打响整治"散乱污"企业战役。

13 日　宁夏自 2004 年起实施水权转换，通过"农业综合节水—水权有偿转换—工业高效用水"的用水模式，目前已累计向工业企业转换 10 亿立方米黄河水量，促进有限水资源向高效益产业流动。

18 日　自治区引黄灌区冬灌开闸放水。

19 日　中央第二环境保护督察组向宁夏回族自治区反馈"回头看"及专项督察情况。

是日　自治区政府第 20 次常务会研究决定，2018 年 10 月 1 日至 2019 年 3 月 31 日在全区开展秋冬季大气污染综合治理攻坚。2018 年 10 月 1 日至 2018 年 12 月 31 日，在全区开展水污染治理攻坚。

是日　自治区污染源普查入户调查稳步推进。

25 日　国家 2018 年城市黑臭水体整治专项巡查组进驻银川。

29 日　宁夏"蓝天碧水·绿色城乡"专项行动领导小组办公室通报了 2018 年 9 月全区环境空气质量（剔除沙尘天气）排名情况。

30 日　2018 中国国际生态竞争力峰会在银川举行。

是日　宁夏专项执法严查排污许可制度落实情况，严厉处罚企业无证和不按证排污行为。

2018 年 11 月

2 日　自治区"蓝天碧水·绿色城乡"专项行动领导小组办公室通报宁夏大气污染治理重点项目进展情况。

是日　自治区启动冬春季大气污染防治攻坚行动。

5 日　自治区生态环境厅公布自治区饮用水水源地环境问题清理进展情况。

7 日　自治区第二次全国污染源普查进入数据审核阶段。

12 日　银川市市场监管局专题部署冬季大气污染综合治理工作，经营不合格燃煤将被从严处罚。

16 日　自治区召开政府第 23 次常务会议，审议《贯彻落实中央环境保护督察"回头看"及水环境问题专项督察反馈意见整改方案（送审稿）》。

18 日　银川市出台《关于发生焚烧秸秆等废弃物污染环境事件问责暂行办法》。

22 日　"中华环保世纪行——首府行动"组委会检查组对银川市水生态环境保护、水污染防治项目治理进展及环保督察"回头看"整改情况等进行督查。

27 日　自治区生态环境保护重点任务督查检查汇报暨中央环境保护督察"回头看"反馈问题整改部署会在银川召开。

（根据《宁夏日报》及相关文件资料整理）